成都水产
十大绿色健康养殖模式

◎李　敏　陈　霞　李良玉　主编

中国农业科学技术出版社

图书在版编目（CIP）数据

成都水产十大绿色健康养殖模式 / 李敏，陈霞，李良玉主编 . -- 北京 ： 中国农业科学技术出版社，2024. 11. -- ISBN 978-7-5116-7223-0

Ⅰ . S96

中国国家版本馆 CIP 数据核字第 2024QR0501 号

责任编辑 崔改泵
责任校对 李向荣
责任印制 姜义伟 王思文

出 版 者 中国农业科学技术出版社
北京市中关村南大街 12 号 邮编：100081
电 话 （010）82106638（编辑室） （010）82106624（发行部）
（010）82109709（读者服务部）
网 址 https://castp.caas.cn
经 销 者 各地新华书店
印 刷 者 北京建宏印刷有限公司
开 本 170 mm × 240 mm 1/16
印 张 6
字 数 102 千字
版 次 2024 年 11 月第 1 版 2024 年 11 月第 1 次印刷
定 价 80.00 元

《成都水产十大绿色健康养殖模式》
编 委 会

主　　编： 李　敏　陈　霞　李良玉

副 主 编： 周立新　陈　健　曹成易　魏文燕　石　湉　杨　淞

参编人员： 仇美红　李俐睿　张小丽　向家志　杨雪松
唐　洪　陈梦竹　杨　马　张　定　刘家星
辜益鹏　陶丽竹　张潇文　张宝文　安建国
颜　旭　张向阳　蒋　芳　李德强　何俊杰
韩凤云　刘怀萍　郭中钢　金治飞　毛建超
刘　毅　段　东　赵勇刚　黄　祥　齐　艳
彭　甦　周　豪　陈　斌　帅　雨　左永雄
王太新　陈　兵　徐玄中　潘　斌　胡世界
杨　永　吴云秀　张正礼　尹荣俊　徐小龙

编写单位： 成都市动物疫病预防控制中心（成都市畜牧水产总站）
成都市农林科学院
四川农业大学
四川省水产局

前言

成都水产养殖历史悠久，早在三国时期，郫县稻田养鱼的生产方式就已形成。《魏武四时食制》记载：“郫县子鱼，黄鳞赤尾，出稻田，可以为酱”，这是目前文献关于我国稻田养鱼的最早记载。

成都拥有丰富的水域滩涂资源及良好的水产业基础，是四川省水产养殖大市，养殖产量长期排名全省第一。2023年，成都水产养殖面积11 786公顷，水产品总产量153 023吨，其中：淡水池塘养殖面积7 721公顷，养殖产量131 833吨；水库养殖面积3 861公顷，养殖产量7 950吨；河沟养殖面积159公顷，养殖产量345吨；其他养殖面积45公顷，养殖产量7 068吨；稻田养殖面积3 696公顷，养殖产量5 827吨；设施养殖体积16 762立方米，养殖产量237吨。根据养殖品种，排名前十的养殖种类分别为：鲫产量32 134吨，草鱼产量30 435吨，鲢产量20 761吨，鲤产量17 932吨，鳙产量12 624吨，大口黑鲈产量11 889吨，黄颡鱼产量4 399吨，鲇产量3 482吨，鮰产量2 535吨，泥鳅产量1 833吨。在践行“大食物观”、高质量建设“天府粮仓”、构建新型食物供给体系、保障国家粮食安全、增加农民就业和收入及改善水域生态环境等方面都发挥了极其重要的作用。

成都地形地貌独特，平原、丘陵和高山各占三分之一，水产养殖模式多样而富有特色，传统和现代养殖模式兼具。自2020年以来，成都市全面贯彻国家战略部署和《关于加快推进水产养殖业绿色发展的若干意见》等文件要求，大力推进水产养殖业绿色发展，促进产业转型升级，实施水产绿色健康养殖“五大行动”，全市水产养殖技术进一步提升，各种养殖模式纷呈出新。值“五大行动”实施之际，成都市动物疫病预防控制中心（成都市畜牧水产总站）、成都市农林科学院与四川农业大学、四川省水产局组织有关专家，总结提炼了成都市技术成熟、效果显著、符合绿色发展要求的水产十大健康养殖技术模式，经实地踏勘，以深入浅出、通俗易懂、图文并茂的方式系统介绍各技术模式，同时将丰富的图片和典型实例融合到书中，以供参阅。

本书可以作为水产养殖从业人员学习和技术指导手册，也可作为水产技术推广人员、科研教学人员、管理人员和水产专业学生的参考用书。本书在编写过程中，书中图片和实例收集得到相关区（市、县）水产部门和养殖基地业主大力帮助，还参考了国内许多专家学者的研究成果，在此深表谢忱！由于篇幅所限，未逐一注明引用资料和照片的出处，敬请读者和有关单位见谅。

由于水平和时间有限，书中难免有不妥之处，敬请同行专家和广大读者批评指正。

编 者

2024 年 11 月

目录

稻渔综合种养模式

一、模式介绍

稻渔综合种养，是一种通过对稻田实施工程化改造，构建的稻渔共作、连作养鱼系统。该模式借助规模开发、产业经营、标准生产等方式，可实现水稻稳产、水产品新增、经济效益提高、农药化肥施用量显著减少，是一种典型的生态循环农业模式，具有稳粮、促渔、提质、增效等多方面功能，在保障粮食和水产品供给、促进农民增收、推进乡村振兴等方面发挥了积极的作用。

稻渔综合种养的基本原理是构建一个稻渔共生、相互促进的生态系统，在此系统中，水稻、杂草等植物构成系统的生产者，昆虫、各类水生动物构成系统的消费者，细菌和真菌是分解者（详见稻渔综合种养共生系统示意图），通过“水生动物摄食昆虫和杂草—水生动物粪肥田”的方式，使系统自身维持正常的循环，从而保证稻渔共生的生态平衡。水生动物在共生系统中

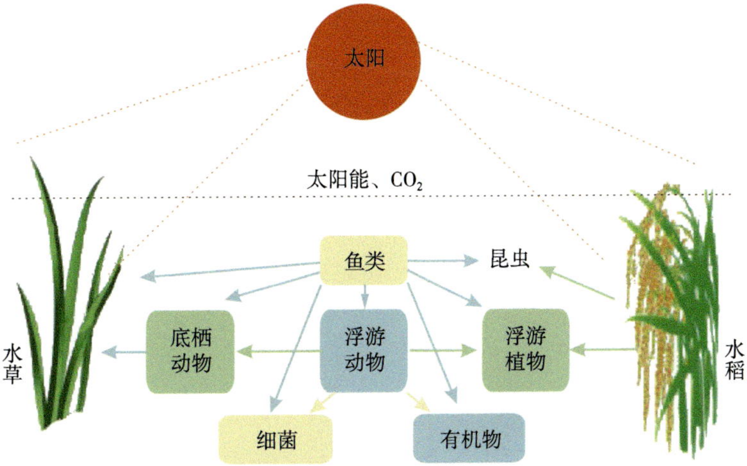

稻渔综合种养共生系统示意图

起到了耕田除草、减少病虫害的作用，水稻、杂草等植物可为水生动物提供生物饵料，充分发挥了稻渔互利共生优势。水生动物摄食的杂草30%左右能被消化吸收，其余的70%左右成为粪便归田，增加了土壤有机质的含量，达到肥田的效果，从而减少化肥用量，实现稻谷品质提升。运行良好的稻渔综合种养系统其稻谷产量可提高5%～15%，水产品可增收50～100千克/亩[①]。

根据不同的养殖品种，成都市目前开展的稻渔综合种养模式可分为“稻—鱼”“稻—鳅”“稻—蟹”“稻—鳖”“稻—虾”“稻—蛙”“稻—鸭—鱼”等7种，其中“稻—鱼”“稻—鳅”“稻—鳖”“稻—虾”“稻—鸭—鱼”等几种模式被四川省农业农村厅认定为2019—2020年度农业主推技术，“稻—虾”和“稻—鸭—鱼”两种模式被四川省农业农村厅认定为2020—2021年度农业主推技术，“稻—虾”模式被成都市农业农村局认定为2021—2022年度农业主推技术。

稻渔综合种养有共作和连作两种系统，其中稻渔共作系统工艺流程较为简单，即水稻和水产动物同时在田中种植和养殖。稻渔连作系统即赶在插秧之前抢养一季水产动物，常见于“稻—虾”模式综合种养，可以收两季虾，第二季虾收获后即蓄水培育种虾，让其在田中自然繁殖虾苗供来年使用，因此不再进行小春种植。两种系统各有优势，共作系统中水产动物生长期相对更长，可选养殖品种更多，连作系统则能最大限度利用土地资源，较为适合生长周期较短的水产动物。

二、技术要点

1. 稻田选择

选择交通便利、阳光充足、水源丰富、排灌方便区域的稻田进行改造。要求土壤保水性能好、田埂坚实不漏水。田块面积因地制宜，但不宜过小，5～50亩皆可。

2. 田间工程

各种稻渔综合种养模式的田间工程根据所养殖水生动物不同而有所差异，但总体上以机械挖方为主、人工修整为辅助，主要包括开挖环沟、安放进排水管和防逃设施、修建农机通道和鱼道涵洞等。在实施过程中，田埂要夯实不漏水，且不能破坏田块的耕作层，改造后沟坑占比不超过总种养面积的10%。

① 1亩≈666.7平方米。

（1）环沟。环沟是稻田中水生动物活动和栖息的主要场所，占整块田面积的5%～7%。在田埂内侧距田埂30～50厘米挖一条宽1.5～2.0米、深1.2～1.5米的环沟，所挖出的泥土用于加固周围田埂。环沟截面为梯形，上宽下窄，坡比1：0.75，底部宽1.0米以上，边坡夯实，保证不裂、不漏、不垮塌。面积较小的田块可考虑只沿着田埂挖三条或两条边沟，但每条环沟之间要相互连通，保持水体循环流动。

（2）鱼凼（暂养池）。每块田可设置鱼凼1～2处，设置在排水口附近，与环沟/边沟相通。鱼凼面积占整块田面积的3%～5%（环沟和鱼凼总面积不超过田块面积的10%），深度略深于环沟（2.0～2.5米），形状以长方形为宜。“稻—鳅”模式下，为便于以后起捕，可在鱼凼池底铺一层农用塑料薄膜，再在薄膜上铺20～30厘米厚的淤泥。

（3）农机通道。为方便水稻栽插和收割时机械作业，需要在田块上设置1～2处农机通道。开挖环沟时在预先选定农机通道位置的底部预留30～50厘米的土层，然后在土层上埋1～3根直径≥0.6米、长2.5米的水泥涵管，再用开挖环沟时所起的泥土回填、夯实。

（4）进排水设施。排水设施宜采用PVC管（推荐直径≥20厘米），排水管呈“L”形，一端埋于排水口暂养池底部，另一端可取下，利用田内水压调节水位。进排水设施需设置拦鱼网。

（5）防逃设施。除“稻—鱼”模式外，“稻—虾”“稻—鳖”“稻—鳅”“稻—蛙”和“稻—鸭—鱼”等几种模式均需要在田埂上用内壁光滑、材质坚实的材料做防逃墙，高于田埂50～60厘米，田埂四角呈圆弧形，防逃墙内壁无突出物。同时在进排水口安装铁丝网或双层密网防逃。“稻—鳅”模式下还应在田埂基四周埋设防逃网片，可采用20～25目的聚乙烯网片，埋入土下15～20厘米，防止泥鳅钻洞逃逸，同时还应设置防鸟网，先用不生锈的钢丝拉成网形后，用毛竹撑起离水面2米以上，便于机械和人工操作及收割机收割。

（6）饵料台（晒台）。为了观察水生动物吃食活动情况，避免饵料的浪费，每一田块需搭建1～2个饵料台，用直径5厘米的PVC管做成适宜大小的正方形或长方形饵料台，固定于环沟中。“稻—鳖”模式下则需在环沟中每隔10米左右放置一块木板作为鳖的晒背台和饵料台。

（7）鸭棚搭建。“稻—鸭—鱼”模式下，需要为鸭子搭建栖息棚舍，可在稻田与池塘相接处搭建鸭舍，面积以每平方米养殖8只为宜。鸭舍一般四周用竹、木围筑，石棉瓦盖顶，外围再用网围起，防止天敌入侵，并保持良好的通风透气条件，鸭舍地面垫上松软干草。每个鸭舍建有通往规定稻田和养殖池塘的鸭群专用通道，上午和下午将鸭群赶往稻田活动，中午和傍晚用特定信号唤回鸭群摄食，夜晚赶入鸭舍休息。配套的鸭舍要求地势较高、阳光充足，远离污染源、居民区和村庄。冬季能密封保温，夏季能通风降温，雨季排洪排水良好。

3. 水草栽种

"稻—虾"和"稻—蟹"模式下需要在水稻种植空白期栽种水草，一方面可为小龙虾和中华绒螯蟹等水生动物提供适口的植物性饵料，另一方面还为水生动物生长提供良好的遮蔽、躲藏、栖息和蜕壳场所。可选择苦草、伊乐藻、菹草、轮叶黑藻、金鱼藻等沉水性植物搭配栽种，例如伊乐藻耐低温，可作为早期栽种的主要品种；轮叶黑藻适口性好，可作为中后期成虾（蟹）养殖时栽种的主要品种。水草栽种前应预先用 3% 食盐水浸泡 10～15 分钟，栽种面积早期不超过环沟面积的 40%，后期不超过 60%。

4. 水稻种植

（1）稻种选择。水稻优良品种除具备水稻新品种的基本条件外，还应具备产量高、适应性广、品质好、抗逆性强四方面特点。水稻品种应选择稻米品质达国家优质稻谷二级以上，有较好的综合性状等生产优势，要通过审定定名，要有较强的适应性能，同时做到品种的合理搭配与布局。目前，适合四川省稻渔综合种养的推广应用的优质稻品种有：宜香 4245、德优 4727、宜香优 2115、川优 6203、宜香优 7633 等。

（2）播种。在茬口、温光条件适宜的范围内安排适宜播种期，力争产量和米质形成期与最佳温光资源条件同步，避开灌浆结实期的高温或低温，以及暴雨、病虫等自然灾害的发生。播种前做好发芽试验、晒种、选种、种子消毒、浸种和催芽等程序。

（3）育秧。一般在旱地条件下育秧，苗期不建立水层，主要依靠土壤底墒和浇水来培育健壮秧苗。目前生产上推广的旱育秧方式有工厂化育秧、大棚育秧。采用技术有水稻塑料软盘旱育秧技术和旱育保姆育秧技术等。

（4）秧苗移栽。移栽前用旋耕机平整田块，大田旋耕后要求田块内落差不大于 3 厘米，田面无过量秸秆杂草，插秧时水深 2～3 厘米的浅水层。秧苗栽插方式宜采取宽窄行方式，有利于改善田间通风透光条件，增加植株有效受光量，提高光合生产率，有利于改善田间小气候，扩大温差，降低温度和减少病虫害发生。栽插规格为20.0厘米 ×30.0厘米，东西向种植，同时还要适当增加环沟两边的栽插密度，充分发挥边际优势，保证每亩插秧1.2万～1.5万穴，每穴4～6苗，实现单位面积内水稻种植穴数不减。

（5）水位管理。在稻田返青期要保持一定水层，为秧苗创造一个温湿度较为稳定的环境，促进早发新根，加速返青。在水稻分蘖期保持田间浅水层，稻田土壤昼夜温差大，光照好、促进分蘖早发、单株分蘖数多。够苗适当晒田，控苗。稻穗发育期需水量最大，占全生长期需水量的30%～40%，适宜采用水层灌溉。出穗开花期要求有水层灌溉，淹水深度10厘米左右。成都市水稻在抽穗开花期常遇高温伤害问题，稻田保持水层，可明显减轻高温影响，同时又有利于水生动物的生长。此外还需根据水稻和水生动物生长调节水位，一般稻田田面水位控制在10厘米左右，环沟水位控制在1米以上，高温季节适时加注水位。水稻收割时提前将环沟水位降至低于田面20厘米左右，便于机械下田。

（6）病虫害防治。水稻主要病虫害有稻瘟病、水稻纹枯病、水稻立枯病、稻曲病、稻粒黑粉病、二化螟、稻苞虫、稻蓟马、稻飞虱、稻纵卷叶螟等，生产中优先采用农业防治措施，通过选用抗病虫品种，科学合理的种子处理，培育壮苗，加强栽培管理，科学管水、管肥，中耕除草，清洁田园等一系列生态调控措施，起到防治病虫草害的作用。同时选用低残留、低毒性的农药，结合太阳能杀虫灯、性诱剂等绿色防控技术防治水稻病害。农药剂型方面，应多选用水剂或油剂，少用或不用粉剂。

①施药方法：一是在施用农药前要将田水加深至8厘米以上，并不断注入新水，以保持水的流动再施药。二是放浅田水，让水面低于田面5厘米，把水生动物集中在鱼凼后再施农药，等稻叶上的药液完全干后（施药后半小时左右）再放水进田，且水位要高于原水位。三是分段用药，将稻田分成两段，第一天将鱼赶到排水口一边，给进水口一边水稻施药；第二天将鱼赶到进水口一边，给排水口一边水稻施药。以上三种方式中，如果稻田里面水生动物数量偏多的，宜使用第一种施药方式；如果稻田里面水生动物数量偏少的，宜使用第二种施药方式。

②施药注意事项：一是使用粉剂农药要在清晨露水未干时施用，以减少农药落入水中。使用水剂、乳剂农药宜在傍晚（下午4时后，夏季高温宜在下午5时以后）喷药，可减轻农药对水生动物的伤害。二是喷药要提倡细喷雾、弥雾，增加药液在稻株上的黏着力，减少农药淋到田水中。三是下雨或

雷雨前不要喷洒农药，否则农药会被雨水冲刷进入田水中，既会导致防治效果差，还容易导致水生动物中毒。

5. 养殖动物苗种投放

（1）“稻—虾”模式。目前常见的成虾养殖主要有两种方式，一是在上年秋季放养或留种亲虾，待其繁殖虾苗，以供来年成虾养殖；二是当年春季投放虾苗养殖成虾。养殖过程中应做好防逃、投饲、水位管理等，可视市场行情利用地笼捕大留小。

①秋季放养亲虾：水稻收割后，将预先经过消毒的养殖环沟蓄水，同时栽种水草，选择30克/只以上规格的亲虾，按15～25千克/亩的密度投放，期间做好防逃、投饲等管理，保证亲虾安全越冬并产卵繁殖。需要注意的是，为防止近亲繁殖引起品种退化，影响生长性能，应适时更换亲虾。

②春季放养虾苗：开春后将稻田清淤、消毒，3月初栽种水草，3—4月投放规格为3厘米/只的虾苗，投放密度为25～30千克/亩。

（2）“稻—鱼”模式。常见养殖鱼类为鲤、鲫等，在秧苗栽插返青后投放鱼种，一般每亩投放50～100克/尾的鲫、鲤300～400尾，搭配尾重为250～500克的草鱼10尾、鲢鳙鱼10尾。要求鱼种规格整齐均匀、体表光滑、体壮活泼、鳞鳍完整，无伤、无病。鱼种投放之前需将装满鱼种的充氧袋放入环沟中10～30分钟调节水温，待水温调节好后再放养，放养要细致、快速、不伤鱼体。

（3）“稻—鳅”模式。选择健康活泼、规格整齐的苗种。放养密度每亩稻田1万～1.2万尾，规格为3～4克/尾。鳅苗可在暂养池中暂养，使其适应环境，到6月初秧苗成活、田内水质稳定后一次性放足，同时可套养10～30尾鲢、鳙鱼种。放养时需避开高温、大风大雨等极端天气，水温差＜2℃，用3%～5%食盐水浸泡鳅苗5～10分钟，以杀灭体表病菌及寄生虫。

（4）“稻—蟹”模式。稻田养殖蟹可分为养殖扣蟹与成蟹两种，养殖扣蟹即在稻田中投放蟹苗（大眼幼体），将蟹苗经过4个多月的饲养，培育成150～200只/千克的蟹种（扣蟹）；养殖成蟹即在稻田中投放蟹种，将蟹种经当年饲养，培育成125克/只以上的成蟹，直接上市销售。

①扣蟹养殖：选用健康、活泼、规格整齐的大眼幼体放养，要求淡化时间在7天以上。放养时间根据秧苗栽插时间而定，一般在5月初开始，放养量为0.2～0.3千克/亩（3.0万～4.5万只）。先将蟹苗投入暂养池中，待其变成Ⅲ期幼蟹后，拆去暂养池与环沟之间的隔断，让蟹苗自行进入环沟中。蟹

苗放养前需用3%的食盐水浸泡5～10分钟消毒，然后再平衡水温，可先将装有蟹苗的充氧袋（网兜）放入水中3分钟，再提出水面10分钟，反复数次，方能开袋将蟹苗放入暂养池中。

②成蟹养殖：放养时间及平衡水温可参照扣蟹养殖，放养规格为每只5克左右，放养密度为500～520只/亩。

（5）“稻—鳖”模式。目前可供养殖的鳖的地方品系有好几种，不同品系的鳖生活习性、生长速度、风味口感各不相同，养殖的经济效益也相差很大，要根据本地区农业生产条件选择优质高产、抗病力强、适宜本地养殖的品系。最好选择本地繁育的适应本地环境的品种，它们对本地环境、温度、水质等都比其他外来品种更有优势，抗病力更强、生长速度更快。选择具有资质的正规苗种繁育场购进种鳖，不能采用市场零散购进的垂钓的或者来路不明的商品鳖，幼鳖要求行动敏捷、体质健壮、抗病力强、规格整齐，带伤或捕钓的鳖不宜作为苗种进行养殖。太小的鳖对环境适应能力较差，对自身的保护力也不强，稻田中养殖成活率较低，同时，为保证水稻收获后、小春作物栽种前能及时捕获商品鳖上市销售，鳖种的规格应适度增大，适宜投放500克/只以上规格的鳖种，一般每亩放养100～150只进行养殖。放养时间为水稻移栽10～15天后，放养前应先试水，取少量鳖种放在稻田环沟中，半小时后若鳖活动正常，即可放苗。

（6）“稻—鸭—鱼”模式。鱼种的投放可参照“稻－鱼”模式。一般水稻栽插一周后投放鱼种，栽插15天左右投放鸭苗。选择体型小、适应性广、抗逆性强、生活力强、活动时间长、活动量大、嗜食野生生物等役鸭型品种，要求鸭子育雏20日龄以上，放养量为10～15只/亩。放养时将清晨空腹不喂的雏鸭运到所选固定宿营的田埂上，放上饲料，饲喂后任其自由入田活动和觅食。其饲槽不动，过1～2小时再边唤边喂，到傍晚再边唤边喂1次。雏鸭经连续几天唤喂，便驯食成功，使其在此固定露宿，不用人工看管，也不用喂食了。

（7）“稻—蛙”模式。一般以黑斑蛙作为养殖对象，结合水稻生长时限、苗种成活率、苗种投放成本等问题，青蛙的稻田养殖宜直接放养当年繁殖的幼蛙。放蛙应选择在清凉的早晨或傍晚进行。放养的幼蛙要求体质健壮、无病、无伤残、规格整齐。幼蛙由于个体小，喜欢集群生活，因此放养密度宜高不宜低。放养密度以22 500～25 000只/亩为宜。放养的幼蛙规格尽量一致，以避免大小差异过大。稻田的温度与放养前青蛙所处环境的温度差不超过 3℃。放养幼蛙时，用 2%～3% 食盐水或者 20 毫克 / 升高锰酸钾溶液浸泡幼蛙 5～10 分钟消毒，或者用 5～7 毫克 / 升的硫酸铜、硫酸亚铁合剂（5∶2）浸浴 5～10 分钟，剔除伤残病蛙，操作动作要轻，以避免碰伤幼蛙。

6. 饲养管理

（1）坚持巡田。要做到早晚巡田。清晨观察养殖动物是否浮头、活动生长是否正常；傍晚检查吃食情况。巡田时重点检查田埂有无坍漏，防逃、防鸟设施有无破损，进出水口是否通畅等，如有问题要及时修复。养殖小龙虾、鳅、蟹、蛙等还要注意防敌害，对于老鼠可用捕鼠夹进行捕杀，蛇类和水鸟由于是保护动物，只能进行人工驱赶，一般是设置防护网罩，有条件的地方，也可在稻田四周设置超声波驱鸟器驱赶水鸟。切忌使用播放声音的方式来驱赶水鸟，因为小龙虾、蟹等在蜕壳时如被惊扰，会造成蜕壳不遂而死亡。

（2）水质管理。田水浅不但影响鱼种放养量，降低产量，而且容易受水鸟等敌害侵袭。因此要防止田水过浅，影响养殖效益。俗话说深水养大鱼，有条件的稻田可将水位保持在 1.3 米以上，利于鱼类生长，但要从当地实际出发，能深则深。保持水质肥、活、嫩、爽。如水质过老，要及时更换新水；水质过清瘦，每亩可施发酵有机肥 50～100 千克，改善水质。此外，还要不定期施生石灰，一般每亩环沟每次用量 10～15 千克，泼洒环沟，调节水质。用光合细菌、EM 菌等微生态制剂改善水质，效果更佳。

（3）饵料投喂。坚持四定三看原则，看天：晴天多投、阴雨天少投，天气骤变和阵雨时不投；看水：清淡多投，肥浓少投，恶变不投；看鱼：活动正常食欲旺盛，不浮头应多投，反之则少投。四定：定位、定量、定时、定质。选用优质饲料，确保水生动物生长所需的营养要求，以利健康生长。

①“稻—鱼”模式：一般投喂人工配合饲料，颗粒直径 1.5～3 毫米，粗蛋白含量≥30%，投喂量以 0.5～1 小时内吃完为宜，一般为田内鱼种总体重的 2%～5%。投料时还要掌握不要让鱼吃得过饱，以八分饱为好，一则可保持鱼食欲旺盛，二则可减少饲料浪费，节约成本，又减少对水质污染。八分饱可做二种情况解读：一是 80% 鱼吃饱，20% 鱼未吃饱；二是每种鱼都吃到八分饱。

②“稻—虾”模式：采用小龙虾专用配合饲料，要根据小龙虾的体型、生长阶段进行搭配，粗蛋白含量 30%～40%，投饲率 2%～5%，投喂量以 0.5～1 小时内吃完为宜。

③“稻—鳅”模式：泥鳅是杂食性鱼类，但对动物性饵料有一定倾向性，

而且在摄食动物性饵料时生长速度会明显加快。一般投喂泥鳅专用配合饲料，粗蛋白含量35%以上。初养阶段，傍晚投饵，以后逐渐提早投饵时间，经过1～2周驯化，即可形成每日上午9时、傍晚6时的集群摄食习惯。投饵率1%左右，以1～2小时内吃完为宜。

④“稻—蟹”模式：蟹是杂食性动物，所以饲料来源比较广。谷实类（如煮七分熟的麦粒、玉米类、稻谷等）、饼粕类、糠麸类均为河蟹可食用植物性饲料。河蟹也喜食动物性饲料，如螺类、底栖生物、鱼虾类、蚯蚓等。在规模化饲养中，一般采用人工配合饲料饲养，以满足蟹快速生长的需要。粗蛋白28%～45%，根据蟹不同生长阶段进行投喂，幼蟹蛋白需求高，成蟹蛋白需求低，投饲率2%～5%，以投喂后4小时吃完为宜，早上投喂量占1/3、傍晚占2/3，天然饵料以自由采食为主，平时人工合成饵料占蟹重的2%。夏秋季节摄食高峰期配合饵料可增加到蟹重的3%。动植物性饵料比例为（3～4）：（6～7）。夏季动物性饵料比例可适当降低，防止水质恶化。

⑤“稻—鳖”模式：鳖是以肉食为主的杂食性动物，稻田中有许多小鱼、小虾、螺、蚌和水生昆虫等天然饵料可供鳖摄食，为达到良好的产量，还需人工增投商品鳖料或动物性饲料（鲜活鱼等）搭配植物性饲料（麸类、饼粕类、南瓜等），其动、植物饵料比例为（1.5～2）：1。前期以动物性饵料开食，中期多投喂一些植物性饵料，后期为使鳖多积累营养、安全越冬，则多投喂动物性饵料。投喂的饲料要营养丰富、新鲜、无污染、无腐败变质，日投喂量为鳖体重的3%～5%，早晚各投喂一次，具体投喂应根据天气、水温和鳖的摄食情况灵活掌握，达到七成饱即可，以促使其到稻田里觅食螺蛳、小鱼、小虾和水稻害虫等。

⑥“稻—鸭—鱼”模式：鱼类投喂可参考“稻—鱼”模式，鸭子主要以稻田内杂草和螺、蚌以及野生小杂鱼为食物，为了给鸭子提供足够的辅助营养，促快速成长，建立人鸭间的交流，可每天进行一次辅助饲喂。饲料种类宜根据条件而定，一般可选择玉米、麦麸等农家饲料。饲料量根据稻田内的杂草和水生小动物数量来判定。

⑦“稻—蛙”模式：一般选用专用配合饲料进行投喂。蛙的食欲十分旺盛，一天的摄食时间长，因此可少量多次的投喂，一般每天可投喂4次，分别在上午8点、上午11点、下午4点、晚上8点各1次。鲜饵日投饵量为蛙总重量的10%～15%，颗粒配合饲料日投喂量为蛙体重的3%～5%，每次投喂的饵料在一个半小时左右吃完为宜，另外每天傍晚最后一次投喂是最主要

的投喂时间，可占一天投喂量的 50%～60%。

（4）疾病防治。以防为主，防重于治，预防鱼病要做好养殖沟、鱼种、食台及投喂饲料的消毒，在疾病流行季节（5—6 月、8—9 月）可在饵料中拌喂免疫增强剂提高水生动物免疫力。

（5）起捕收获。一般是在水稻收割前将水生动物起捕出售，如是种植的晚稻，也可根据市场行情和气候适当推迟捕捞时间。在养殖过程中也可采用捕大留小、分批上市的方法提高综合效益。对于虾、蟹、泥鳅等可采用地笼捕捞，鳖、蛙可用灯光照捕和人工捕捉，鱼类可直接排干田水捕捞。

三、模式工艺流程图

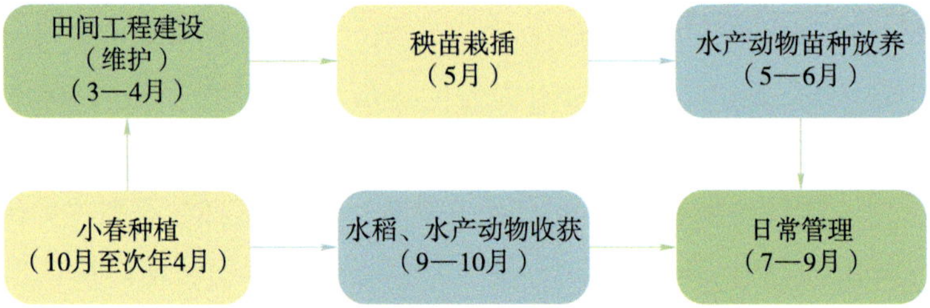

稻渔共作系统工艺流程

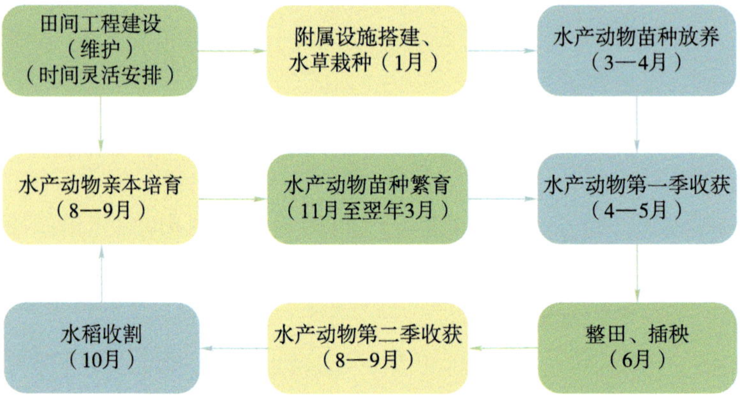

稻渔连作系统工艺流程

四、提质增效

1. 生态效益

（1）减少农药、化肥使用量：在稻渔综合种养复合种植系统中，水产动物能吃掉稻田中害虫的 50% 以上，同时可以在不使用除草剂的条件下，有效防除稻田稗草、水马齿和莎草等杂草。

（2）提高水土利用率：稻渔综合种养将种植与养殖同步，实行一水多用、一地多用，使农业由平面向立体发展，同时可由稻渔两元结构发展到稻—鱼、菜、食用菌等多元复合结构，实现立体综合种养，提高水土利用率。

2. 经济效益

（1）降低成本：养鱼稻田中的水溶性氮、磷、钾分别为非养鱼田的 1.7～1.9 倍、6.7～8.7 倍和 1.9 倍，可大大降低稻田肥料使用成本。

（2）增产增收：良好运转的稻渔综合种养模式下稻谷可增产 5%～15%，水产品可增收 50～100 千克 / 亩。

3. 社会效益

（1）提升产品认可度：稻渔综合种养模式下，主要使用物理防治和对鱼、虾无毒的一些生物制剂进行病虫害防治，因此产品具有生态、绿色、健康的特点，市场认可度较高。

（2）吸引社会关注度：通过稻渔综合种养模式所产出的优质产品可吸引社会对水产和粮食生产的注意力，增加社会资本对农业的关注度，进一步推进乡村产业振兴。

五、应用场景

目前成都市有稻田 33 万多公顷，大多是自流灌溉田，其中地势平坦、田块方正、水源充沛的宜渔稻田达 3.3 万公顷以上，是开展稻渔综合种养的理想地区。2022 年，我国稻渔综合种养面积 4 295.56 万亩，生产稻谷约 2 150 万吨、水产品 387.22 万吨（未包括港澳台地区）。湖北、安徽、湖南 3 省均超过 500 万亩，四川接近 500 万亩，4 省面积之和占全国的 58.90%。其中四川省推广面积达 494.42 万亩，水产品产量 49.28 万吨，已形成较为成熟的技术模式。稻渔综合种养的田间工程可因地制宜地进行改造，在全市种植水稻的大部分地区均可开展，尤其是冬水田，应用潜力大。

六、生产实例

实例（一）

1. 实例名称：邛崃市国家级稻渔综合种养示范区

2. 养殖场地址：成都市邛崃市固驿街道开元村 10 组

3. 养殖品种：克氏原螯虾（小龙虾）

4. 养殖场简介：该示范区位于“邛崃市 10 万亩粮经复合示范区”核心位置，紧邻成都邛崃现代农业种业产业园、天府新区邛崃产业园区和现代城市区域，资源丰富、交通便利。该示范区采用“稻—虾”综合种养模式，其水源主要为沟渠水和地下水，养殖尾水不外排，其水稻和小龙虾产量质量均有保障，在业界取得较高评价，与市场建立了稳定的供求关系。

该稻渔综合种养示范区占地 2 300 亩，于 2018 年 3 月投资 500 万元建成。2022 年小龙虾亩产量约 150 千克，年产量 345 吨；稻米亩产量约 300 千克，年产量 625 吨，实现销售收入 1 725 万元，利润 690 万元，被认定为国家级稻渔综合种养示范区。先后举办了全省稻渔综合种养现场会、全国高标准农田现场交流会及乐渔节，并承担了 2020 年农业农村部农业重大技术协同推广计划试点——四川省稻渔综合种养关键技术集成与推广应用项目，作为全省绿色防控和水稻新品种新技术示范点。

该基地使用“稻—虾”综合种养模式，以粮经复合形式提升传统种植的经济效益，实现一田多用，一水多收。在稻虾综合种养过程中，水稻生长会形成丰富的微生物群落，为小龙虾提供充足营养成分，克氏原螯虾排泄物则成为有机肥反哺水稻生长，促成稻和虾新的自然供养体系，形成以田养虾、以虾养稻的稻虾产业生态链。良性循环建成后还有效调节了稻渔综合种养示范区地块的土质水质，产生了更深远的社会效益。同时由于小龙虾对水质要求很高，水稻种植过程中对病害防治主要采用生物防控，用药量明显降低，此模式具有生态环保、改良土壤、增加产量、提高品质、增加效益、节约用水用地等综合优势。

5. 养殖场俯瞰图

6. 现场照片

全景图

示范区一角

稻田环沟

农机通道

防盗网

绿色防控设施

虾苗放养

成虾起捕

稻米产品

文旅融合景图

实例（二）

1. 实例名称：成都市新津区深能稻虾养殖基地

2. 养殖场地址：成都市新津区安西镇永丰村

3. 养殖品种：克氏原鳌虾（小龙虾）

4. 养殖场简介：该养殖基地面积227亩，由成都深能水产科技有限公司建设并运营，主要从事小龙虾标准化、规模化选育繁育、稻虾综合种养，养殖面积200亩，年产成虾约3万千克，虾苗2 000万尾，稻谷10万千克。同时通过苗种供应和技术培训，带动省内外稻虾养殖户和各界人士100余人，带动20户进行稻虾养殖，促进农村产业结构调整，实现小龙虾稻田综合种养的高效、规模化生产。从2017年至今该养殖基地已经产出小龙虾苗种7.5万千克，实现产值500万元。

5. 养殖场俯瞰图

6. 现场照片

基地一角

人工起秧

地笼捕虾及防逃设施

小龙虾分选

机收现场

出产的稻虾米

高位池＋稻田高效种养模式

一、模式介绍

高位池＋稻田高效种养模式，是以“田里种稻，池中养鱼”的绿色生态种养模式，集成设施渔业和稻渔综合种养优势，通过将高位池和稻田形成一个良性的内循环体系，实现种植用水和养殖用水循环利用，基本达到零排放的目标。高位池养殖尾水经沉淀过滤后灌溉到稻田，用于水稻、蔬菜等农作物浇灌，富营养水体经水稻、蔬菜等的吸收净化后，再次循环进入高位池中养鱼，从而形成良性的生态循环。同时，采用微生态制剂生物调控、中草药药物生态防治技术和微流水物理调控等技术相结合，保证良好的种养生态环境。高位池＋稻田高效种养模式在实现水产品高产的同时保证了质量安全，且大幅减少了稻田化肥尤其是氮肥的使用量。采用适宜的水稻品种，通过高产高效栽培技术和稻田生物防治等措施，减少农药使用，在保证水稻产量的前提下，也大幅度提高了稻米品质。

该模式具有稳粮增收、集成创新、生态环保、节能减排、闭环全生产链等创新点，通过对养殖尾水的资源化利用，集成了设施渔业和稻渔综合种养的优势，既提高了农产品产量和品质，又有效避免了农村环境污染问题，做到了“一水多用、一地多收、稻渔双赢”，实现了经济效益、生态效益与社会效益的有机结合，有利于推动产业振兴、生态振兴。

二、技术要点

高位池＋稻田高效种养模式是对传统的稻田养鱼进行升级，该模式技术要点主要包括以下几个方面。

（一）鱼类养殖

1. 选址

选址尽量方正，土地平整，水源丰富，周边无污染企业，所需面积按每亩稻田消解 300 千克鱼产生的有机物计算。

2. 高位池建设

以成片稻田为一个最小单元，选合适位置建设高位池架在农田中，不硬化、不破坏耕作层，进行高密度集中养殖。高位池骨架由角钢管焊接而成，池壁和池塘底部由帆布做成。每个养殖池配备投喂设备、换水设备、增氧泵等，提高养殖效率，解放劳动力。

3. 田间工程

稻田离养殖池旁开挖循环水沟，将稻田的水体分开，用于净化后水体的收集和收水稻期养殖尾水的处理，使养殖池的粪便能更好地均匀分布于稻田。

4. 其他辅助设施设备

其他设施设备包括进排水系统、水循环动力系统、增氧系统、电力保障系统等。还可安装溶氧、pH 值、水温、大气压、氨氮、亚硝酸盐等监测传感器，实现生产环境全过程可控，断电等异常情况报警提示，避免养殖安全事故，减少人力投入；以及安装自动投喂设备、自动换水设备、增氧泵等，提高养殖效率，解放劳动力。

5. 养殖品种

有合格检疫证明的适宜集约化养殖品种，如大口黑鲈、黄金鲫、乌鳢、鳜鱼等名优鱼品种。

6. 生物防治

采用微生态制剂生物调控、中草药药物生态防治技术，使生态系统得以修复，形成相对安全健康的生态环境，可极大减少病虫害的发生。

7. 尾水处理

尾水处理技术分为四个部分，第一步，出水口采用“新型地漏技术”进行物理沉淀。第二步，通过二级沉淀池、生态净化沟（三级沉淀）沉淀，即物理沉淀和水生植物沉淀相结合。第三步，通过适宜稻渔种养的水稻品种进行尾水消解和缓冲过滤。第四步，通过沟渠和铺设的管道，再次回到养殖池，实现养殖用水全循环。尾水处理设施单元面积占总面积的 0.5% 左右。通过上述尾水处理技术，基本达到养殖尾水零排放。

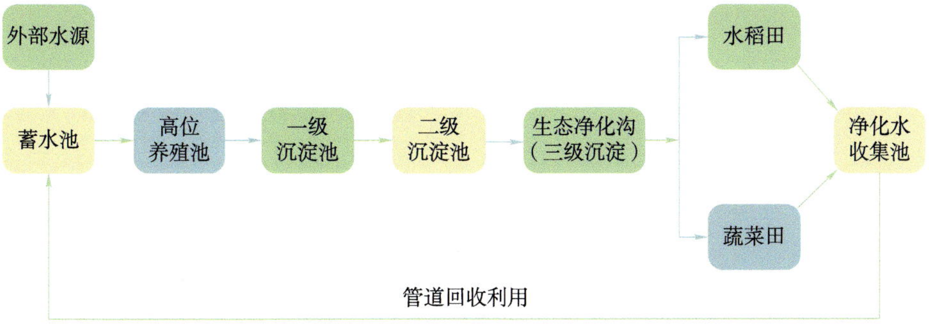

（二）水稻种植

1. 种植品种

选用适宜成都稻渔综合种养的耐肥、茎秆粗壮、不易倒伏、分蘖性较强、抗逆性强、米质最好为达到国颁二级米以上的优质水稻品种。

2. 浸种消毒

播种前选择晴天翻晒种子，将谷种浸泡于消毒药液 6～8 小时（应严格按照农药标签标注的要求规范使用，遵守农药安全间隔期要求），洗净晾干后进行种子包衣，以提高种子发芽率和增强秧苗抗病能力。

3. 适时早播，培育壮秧

成都地区在 3 月下旬或 4 月上旬播种，栽插秧龄 30 天为宜。坚持稀播匀插的原则，播种量以 150.0～187.5 千克 / 公顷为宜；在播种前确保施足基肥，一般秧田使用 750 千克 / 公顷的复合肥作为基肥，在移栽前 4～5 天追施尿素 90～120 千克 / 公顷作为送嫁肥，并带药下田，秧苗移栽时带蘖 2～3 个。

4. 合理密植

4 月底至 5 月底移栽，如条件许可，最好尽早移栽，可以增加鱼在稻田里的共生期。稻田养鱼可采用宽行窄株的方式，一般插 13.5 万～15.0 万穴 / 公顷，每穴插 2 粒谷成苗 5～7 苗，保证 90 万～120 万 / 公顷的基本苗，搭建好高产苗架。

5. 合理施肥

稻田总施肥量与常规大田水稻相比要减少 30% 以上。稻田底肥的施用要根据土壤肥力酌量考虑，一般施用有机肥 4 500～6 000 千克 / 公顷或腐熟粪 6 000～9 000 千克 / 公顷培肥水质，追肥要根据前期稻田施肥和田间苗情酌情考虑，追肥最好使用复合肥，并注意施肥方法。穗肥用尿素 45～60 千克 / 公顷，苗叶浓绿的可不施。在晒田前后一般追施钾肥 150～225 千克 / 公顷，可壮秆壮籽，防止水稻倒伏。

6. 科学管水

要处理好稻鱼直接矛盾，根据水稻不同生长阶段的特点，适时调节水位。秧苗生长前期田水要做到薄水栽秧、活水返青，返青后水深控制在6～8厘米，促进水稻分蘖；注意选择连续晴天，保持水面比垄面低10厘米左右放水晒田。晒田结束后，加深水位至15～18厘米。

7. 病虫害防治

遵循“以防为主，综合防治”方针，合理设置诱虫灯和性诱剂，采用绿色防控措施综合防治水稻病虫害，如确需施用农药，也要选用对口、高效、低毒、低残留的生物农药，严禁使用对鱼类高毒的农药品种。农药剂型方面，应多选用水剂或油剂，少用或不用粉剂，养鱼稻田一般不使用除草剂。施药时可适当加深田水，在施药时边进水边出水，以减少水中的农药浓度。水剂（乳剂）药在露水干后使用，施药时喷嘴横向或朝上，尽量将药喷在稻叶上，减少落在水中的机会。下雨或雷雨前不要喷洒农药，否则农药会被雨水冲刷进入田水中，既会导致防治效果差，还容易导致鱼中毒。

三、模式工艺流程图

将水产养殖尾水收集到池底中心，通过水流的带动排放入稻田，作为水稻生长的有机肥料。养殖尾水经水处理系统处理后回高位池中循环使用。

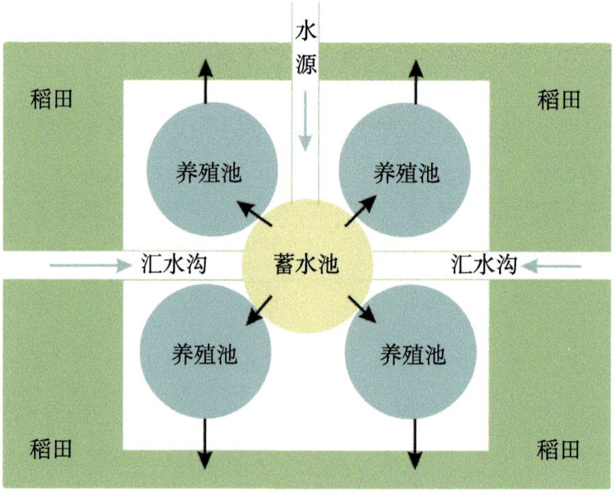

工艺流程图

注：箭头为水流方向。

四、提质增效

1. 生态效益

（1）以“田里种稻，水中养鱼”的绿色生态种养模式，实现种植用水和养殖用水循环利用，基本达到零排放。

（2）养殖尾水经沉淀和生化处理后用于浇灌水稻、蔬菜等农作物，以有机肥替代化肥，水体净化后回流至高位池养鱼，养殖用药得到控制，从而使化肥农药用量双减，有效解决水稻种植和水产养殖带来的农业面源污染问题。

2. 经济效益

（1）所栽种的适宜稻渔综合种养的水稻品种，通过高位池＋稻田高效种养，水稻稳产增产，水产品环境安全可控，供氧充足、饲料利用率高，比传统池塘养殖更高产，做到了“一水多用、一地多收、稳粮增效、稻渔双赢”。

（2）绿色无污染生态大米每千克价格从 4 元多可提高到 10～16 元，相比传统的水稻种植，每亩稻米增收可达 1 500 元以上；高位池升级传统稻渔综合种养所喂养的高附加值水产品，售价相比普通养殖渔业产品有所提升。综合考虑规格、品质和时间等因素，稻渔综合收益比单纯种植水稻提升数倍。

3. 社会效益

（1）该养殖模式下养殖的水稻及水产品，在高产的同时保证了质量安全、绿色生态，为市场及广大消费者提供了优质安全的产品，有较高的市场认可度。

（2）带动就近农户增收，由产业发展带动附近农民就业，对推动乡村振兴战略的实施具有重要意义。

五、应用场景

高位池＋稻田高效种养模式适合在成都乃至全国种植水稻的大部分地区开展，其中稻田的田间工程可因地制宜地进行改造。该模式具有稳粮、促渔、提质、增效等多方面功能，应用潜力大。

六、生产实例

实例（一）

1. 养殖场名称：稻渔生态立体循环养殖模式郫都示范基地

2. 养殖场地址：成都市郫都区德源街道袁隆平杂交水稻科学园

3. 养殖品种：草鱼、大口黑鲈、鲇、乌鳢（白乌鱼）、大鳞鲃（红大鳞鲃）等。

4. 养殖场简介：稻渔生态立体循环养殖模式郫都示范基地位于“袁隆平杂交水稻科学园”园区中，基地养殖面积100亩，以稻渔综合种养技术为基础，采用高位池与稻田配套，循环使用养殖和种植用水，形成良性的生态循环，并搭建了一套稻渔数字化生态循环种养管理体系。该基地是国家现代农业科技示范展示基地，也是2022年四川省稻渔推广研讨会的参观示范点位。

基地中，利用合理土地面积，建设高位池进行高密度集中养殖。设施设备主要由蓄水池、高位池（高密度养殖池）、进排水系统、水循环动力系统、增氧系统、电力保障系统、数字化管理系统、稻田生态湿地系统（稻田）等8部分组成；高位池、蓄水池、生态尾水收集沟的面积之和不超过总种养面积的10%；田里种稻、池中养鱼，实现生态循环种养。此外，该基地开发了“稻渔数字化管理平台”，安装溶氧、pH值、水温、大气压、氨氮、亚硝酸盐等监测传感器，生产环境全过程可控，断电等异常情况报警提示；安装自动投喂设备、自动换水设备、增氧泵等，提高养殖效率。

按配套40亩稻田计算，通过稻渔生态立体循环养殖模式，该基地年产水产品1.2万千克，按水产品市场价30元/千克计算，年产值36万元；年产水稻2.4万千克，按出米率为50%计算，每年可产1.2万千克稻米，稻米年产值12万元（水稻按亩产300千克大米、绿色生态大米价格10元/千克计算），单季可实现每亩稻田稻渔综合产值上万元，缓解了传统稻田养鱼集中上市销售、增收效果不显著等不利因素，大幅度提高了稻米品质和水产品的产量及质量，既保障了国家粮食安全，又促进农民增收，实现了“种稻致富”的目标。

5. 养殖场俯瞰图

6. 现场照片

全景图

养殖高位池

蓄水池

暂养池

生物净化池

竖流沉淀器

一级沉淀池

二级沉淀池及浮板蔬菜

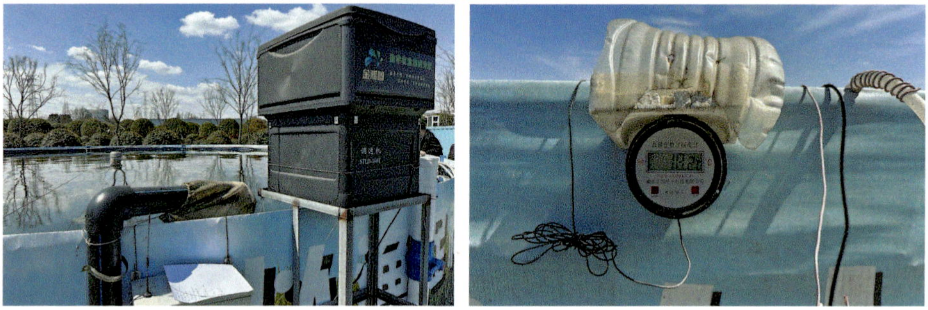

智能设施设备

稻渔数字化管理平台

实例（二）

1. 养殖场名称：成都蜀嘉禾农旅有限公司

2. 养殖场地址：崇州市白头镇五星村

3. 养殖品种：主养品种为大口黑鲈、巴沙鱼、鲤、鲫。

4. 养殖场简介：成都蜀嘉禾农旅有限公司所在地水源丰富、水质优良、交通便利，有王崇路、崇州市稻香旅游环线、成名高速贯穿其中，距成雅快铁崇州站约 8 千米，交通十分便利。公司成立于 2019 年 10 月，是一家集种植、养殖、烘储、大米精加工、科教等为一体的现代农业企业。公司 2021 年总投资 100 万元于崇州市白头镇五星村建设陆基循环水稻渔综合种养基地 80 亩（其中循环水水产养殖车间 1 000 平方米），基地用地性质为基本农田和农业设施用地，拥有水产养殖技术人员 2 名，于 2021 年下半年投产，全年可生产商品鱼 2 万余千克，年产值达 80 万元，养殖运行成本约 50 万元，年养殖利润约 30 万元。2022—2023 年度，基地养殖水体达 1 570 立方米，养殖产量 3.14 万千克，商品鱼主要供给通威集团有限公司。

5. 养殖场平面布局图

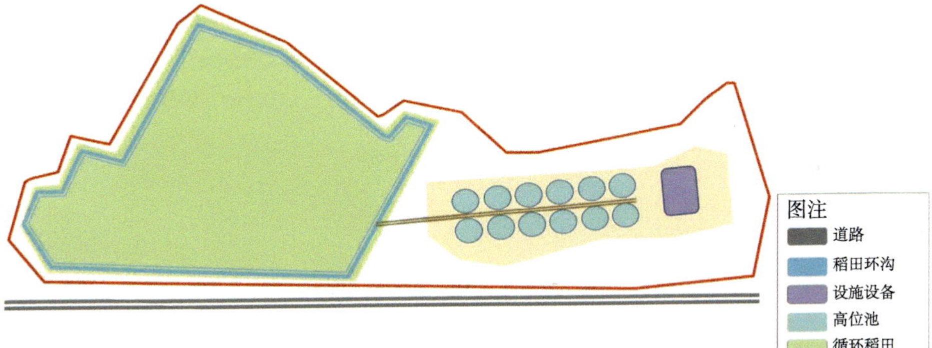

6. 现场照片

蓄水池

养殖车间

养殖池

稻渔综合种养基地一角

水质调控设备

产品鱼

现代鱼菜共生模式

一、模式介绍

现代鱼菜共生技术模式，是一种新型的复合耕作体系，它把水产养殖和水耕栽培两种农业技术进行整合，鱼池和蔬菜池里面的水循环，鱼粪成为蔬菜的天然肥料，实现“养鱼不换水、种菜不施肥”。鱼菜共生系统是动物、植物、微生物组成的一个生态系统。现代设施化鱼菜共生技术已被省农业农村厅认定为2020—2021年度农业主推技术。

在传统的水产养殖中，随着养殖鱼类密度增加、代谢物浓度上升，水体氨氮含量增加甚至超标，养殖水体呈现恶化趋势，毒性逐步增大。而在鱼菜共生系统中，水产养殖尾水被输送到水培种植系统，由细菌将水中的氨氮分解成亚硝酸盐然后被硝化细菌分解成硝酸盐，硝酸盐可以直接被植物作为营养吸收利用。鱼菜共生让动物、植物、微生物三者之间达到和谐的生态平衡关系，是可持续循环型零排放的低碳生产模式。

为实现鱼菜的合理搭配和大规模种养，国际上的主流做法是将鱼池和种植区域分离，鱼池和种植区域通过水泵实现水循环和过滤。栽培主要的技术模式为基质栽培、深水浮筏栽培、营养膜管道栽培、硝化床栽培、气雾栽培等。成都目前的现代设施化鱼菜共生技术以将鱼池和种植区域分离，浮筏栽培为主。

二、技术要点

现代鱼菜共生系统将鱼类养殖产生的养殖尾水经过处理，为蔬菜提供生长所需的营养及水分，人工只需补充一些微量元素，种植水再经过缓冲调节后循环进入养鱼系统，实现鱼菜共生。下面以浮筏栽培为主要技术模式的现代鱼菜共生技术为例介绍。

1. 选址

鱼菜共生农场选址尽量方正，土地性质需符合农业设施建设，便于布局鱼菜共生设施大棚。土地长宽都不低于100米为好，土地平整，前后左右高差不超过40厘米为好；水源充足；电力充足；交通便利；历史水淹深度不超过15厘米；周边无污染企业，地下水达养殖用水标准；四周排水沟渠发达，能在夏季暴雨及时行洪；地下无市政管网、煤气管网、自来水管、光纤等，如果有请有关部门标注出位置和深度。

2. 设施建设

占地面积和高度空间等应与养殖单元、种植单元和操作管理的要求相适应，便于设施设备安置、物料存储以及日常运维操作。建议养殖面积和种植面积为1：10，具体根据当地地形及种养需求等情况决定。

3. 养殖和种植品种

鱼菜共生绝大部分淡水鱼都可以养殖，如：大口黑鲈、鲫、斑点叉尾鮰、乌鳢、杂交鲟、黄颡鱼、丁鱥、德国镜鲤、草鱼、裂腹鱼、胭脂鱼等，并可在蔬菜种植槽套养泥鳅。种植品种方面，除了根茎类，如马铃薯、红薯、姜、蒜不能种以外，食用部分在地上的蔬果都可以种。鱼菜共生系统水温12～28℃为宜，适合养殖广温性鱼和亚冷水鱼。为保证蔬菜长势旺、产量高、品质优，鱼菜共生系统中需配养肉食鱼和杂食鱼。

4. 病虫害防治

现在大部分蔬菜病虫害属于土传病虫害，鱼菜共生脱离土壤环境后，蔬菜病虫害威胁大大降低，可采用物理、生物及天敌等方式综合防控蔬菜病虫害。

鱼苗进场后经检疫合格消毒后再投入鱼菜共生系统，避免病虫害发生隐患。鱼菜共生系统可设置多个池，每个池养单个品种的鱼，一旦发生疫病时，仅对单个鱼池泼洒药物进行治疗，其他鱼池不受影响。此外，鱼菜共生养鱼过程发病概率较小，主要在捕捞过程中，应避免产生拉伤、撞伤等外伤，捕捞后采用浸泡聚维酮碘等方法对鱼的伤口消毒。其他疫病以预防为主，同时需要注意饲料质量，不投喂变质饲料，也不过量投喂，防止鱼摄食过量造成消化负担引发疾病。

5. 鱼菜配比

鱼菜共生是个弹性系统，可以根据蔬菜养分需求动态调整，保证鱼菜共生系统中鱼的总量在合适的范围。种植1平方米的蔬菜需要养鱼2～4千克，随着季节不同，蔬菜需肥量也不同，配置相应数量的饲养鱼类。

三、模式工艺流程图

模式流程主要为：鱼池养鱼—养殖尾水收集—尾水处理—养分提取—蔬菜种植—水质净化调节—回流养鱼。

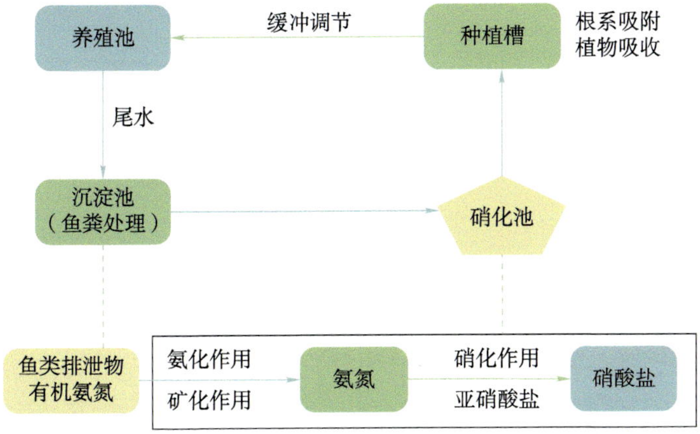

鱼菜共生模式工艺流程图

四、提质增效

1. 生态效益

现代设施化鱼菜共生绿色环保，相较于传统模式省水、省地，能够有效节约能源，减少污染，减少资源浪费。

2. 经济效益

鱼菜共生使用设施进行高密度养殖和蔬菜种植，增加种养产量；鱼菜共生属于无土栽培和集约化养殖，不深耕翻土，无重体力劳动，易于集中管理，节约劳动力；鱼菜共生农产品品质好，市场价格更高；且该模式可结合一二三产，产业融合度高，盈利能力强，具有节能、节本、节水、增产、增值、增效的优点。

3. 社会效益

有利于带动就业，促进渔民增收；向社会提供优质农产品，满足人们对绿色健康食品的需求，提升人们生活水平；有利于转变养殖户养殖理念，推动产业特色化发展。

五、应用场景

现代设施化鱼菜共生技术模式对气候要求不高，适合在成都市乃至全国范围内进行推广。在北方推广时，需要用到暖棚，在南方普通大棚即可。

六、生产实例

1. 养殖场名称：渔耕田—鱼菜共生农场

2. 养殖场地址：新津区兴义镇岷江村 2 组

3. 种养品种：养殖大口黑鲈、德国镜鲤、大鳞鲃等淡水鱼；种植生菜、黄瓜、荷兰豆、草莓等果蔬。

4. 养殖场简介：渔耕田—鱼菜共生农场位于成都市新津区兴义镇（天府农业博览园功能区），紧邻成新蒲快速公路，交通便捷；位于西河流域，水源方便。农场占地面积 30 亩，开展鱼菜共生种养殖，其中高密度养殖面积 0.29 亩，全年种植的 60 多种蔬菜，总产量达 15 万千克，鱼产量 2 万千克，年利润约 80 万元。先后获得成都市低碳环保示范单位、四川省级一流科普示范基地、全国基层农技推广体系改革与建设补助项目农业科技示范基地等荣誉评价。

5. 养殖场平面图

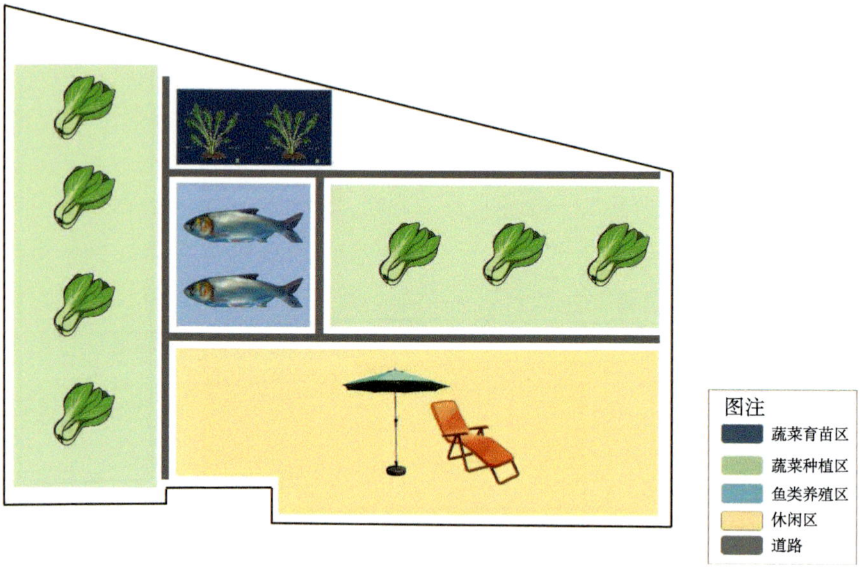

整体平面图

6. 现场照片

养鱼池

鱼粪收集池

鱼粪处理池

蔬菜种植区域

水果种植区域

养殖的德国镜鲤

开发的产品

一二三产业融合

深水圈养模式

一、模式介绍

深水圈养模式，是基于“能时时打扫池塘环境”的理念提出的一种养殖模式。是渔业人员对深水坑塘等的拓展和利用，充分结合环境保护，高质量发展，在设施设备方面加以改进，增产又增效。该模式是在深水条件下，将主养鱼类养殖在养殖桶内，通过其下部锥形集污装置高效率收集残饵、粪便等，再经吸污泵抽排进入尾水分离塔；固废沉淀分离、收集后资源化再利用；去除固废的尾水经人工湿地脱氮除磷后再回流到池塘进入养殖桶循环使用，从而减少养殖尾水的“排放量”。由于能及时集污排污，养殖水体可保持在Ⅲ类水质及以上，鱼类土腥味基本去除、病害发生率显著降低、渔药使用量减少。这种养殖模式既降低了饲料、渔药等成本投入，又提高了养殖鱼类的品质。

二、技术要点

深水圈养模式是对传统养殖方式的转型升级，实现池塘内桶型箱体进行高密度养殖、池岸上布置固液分离塔、人工湿地净水系统的水产养殖设施系统。该模式是将养殖鱼类在养殖桶内进行喂养，残饵、粪便等固态废弃物通过重力作用沉降至养殖桶下部的锥形集污区域，通过集排污系统（排污水泵、管道）收集，将养殖过程中所产生的固态废弃物抽至尾水分离塔中，经重力作用沉淀分离后固态废弃物可用于制作有机肥等资源再利用，上层液经人工湿地脱氮除磷后，排放到原来的池塘养殖桶内，实现水资源循环利用；主养鱼类的代谢废物，则依靠池塘水体自净能力消除。将传统散养模式转变为圈养模式后，在饲养密度合理、水体净化区自净能力强的背景下，养殖水环境可得到有效控制，鱼病发生和渔药用量降低，养殖产品质量大幅提升，实现了养殖池塘养殖尾水“零排放”。同时，由于在池塘中可以设置多个独立养殖桶，这就使池塘具有了“一塘多鱼、分区养殖、用药精准、捕捞简易”的生产特点，极大提高了养殖效益。

1. 圈养系统构建

40 个养殖桶配备 1 个尾水分离池和 6 个尾水处理桶（包含海绵、过滤毛刷、K5 填料、曝气盘、陶瓷石及生物绳）。养殖桶材质为聚乙烯，其直径 10 米左右、高 1.8 米左右，总容积约 150 立方米。有条件的可以在池边安装液氧塔以向养殖桶供氧，通常一个增氧塔能装 20 吨或者 30 吨液氧。岸边动力系统还包括养殖尾水吸污装置、尾水塔等处理装置、监测系统、物联网系统等。

2. 适宜养殖对象

出塘体重不超过 1.5 千克的商品鱼或规格鱼种，如大口黑鲈、胭脂鱼、鳜和黄颡鱼等，可多品种单养。

3. 放养密度

参照散养池塘 1 亩的放养量确定每个养殖桶的放养量。以大口黑鲈为例，圈养密度为 2 700～3 200 尾 / 桶。

4. 排污

每天排污 1～2 次，尾水入尾水分离池，清水入池塘桶。入塔池水静置 12 小时后排出上清液，入三级尾水处理桶降氮除磷后回池重复使用，尾水每 4 天排出一次，资源化再利用。

5. 收获

升起捕捞网即可抄捕，捕捞时其他养殖桶正常饲喂。

6. 保持水位稳定

当蒸发或渗漏等引起水位下降时，及时补充新水至正常水位。

7. 其他注意事项

投饵：除养殖桶内投饵外，禁止向池塘投饵施肥。

水质调节：水体透明度不足 60 厘米时，可泼洒微生态制剂等改善水质。

应急处理：若停电，应及时开启备用电源或纯氧增氧以防缺氧。

三、模式工艺流程图

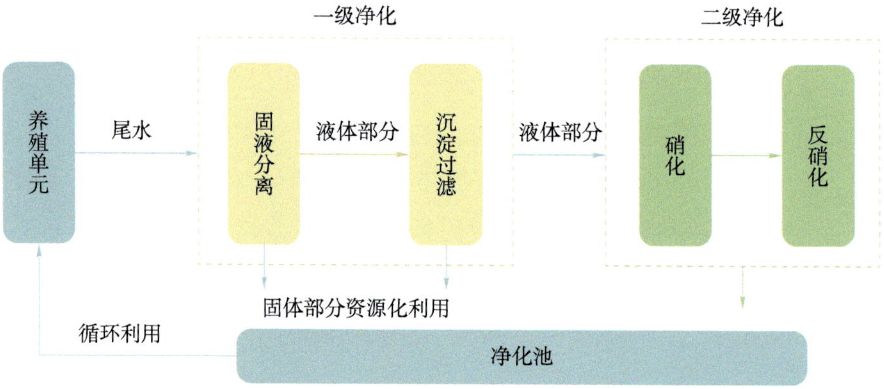

四、提质增效情况

深水圈养模式是池塘内桶型箱体进行养殖 + 池岸上固液分离塔 + 人工湿地净水系统的“零排放”水产养殖设施系统。养殖尾水经过固液分离塔进入人工湿地进行脱氮降磷处理，净水再回流池塘养殖桶重复利用，具有高效集排污特点。

1. 生态效益

由于进行集约化精养，可准确判断鱼类疾病情况，减少了渔药作用的水体，可减少渔药的使用，提高用药效果。

2. 经济效益

该模式极大地降低了饲料成本。饲料投喂范围仅限于养殖箱内，可根据养殖鱼类的吃食情况进行调整，避免了饲料的浪费，其养鱼成本比常规养鱼节约饲料成本 15%～30%。养殖过程管理方便，相比于传统土塘养殖，需要管理的水体面积大大减少，节约人力成本。池塘养殖容量提升 4 倍，综合效益提高 50% 以上。发病率降低 50% 以上、养殖尾水可实现 100% 回用，养殖用工节约 30% 以上，水资源节约 50% 以上。

3. 社会效益

由于鱼体没有接触到池塘底部淤泥，土腥味下降、口感好、深受消费者青睐。

五、应用场景

适用于大水面、坑塘水面养殖，一年四季均可养殖。

六、生产实例

1. **养殖场名称**：成都新津利水湾农业有限公司

2. **养殖场地址**：新津区花源街道共和村 14 组

3. **养殖品种**：主养品种为大口黑鲈、胭脂鱼、鳜或黄颡鱼等。

4. **养殖场简介**：成都新津利水湾农业有限公司位于新津区花源街道共和村 14 组，新津基地一期总投资 1 879.7 万元，规划面积 315 亩，养殖水面 260 亩，核心养殖面积 65 亩，水生植物栽种 60 亩，平均水深 5 米以上，苗种培育区 40 亩，科研办公区 15 亩，现有鱼类养殖桶 140 个，养殖产量 20 万千克。是集成鱼养殖、苗种培育为一体的智能高效设施渔业产业园。主要培育苗种为大口黑鲈、胭脂鱼、鳜鱼和黄颡鱼等，年产水产品 45 万千克，年产值 1 350 万元。

基地养殖尾水经过固液分离、沉淀、过滤、硝化 / 反硝化等处理后，为有机肥生产提供优质原料，循环使用，养殖尾水零排放。

5. **养殖场俯瞰图**

6. 现场照片

基地一角

浮筏平台

养殖鱼类

辅助设施——增氧设备

辅助设施——盖网及抬网

苗种培育车间

饵料培育设施

尾水处理设施

推水式循环水养殖模式

一、模式介绍

推水式循环水养殖模式，亦称“池塘内循环养殖”，是一种配备推水增氧装置的新型绿色集约化养殖模式，因其形状似“跑道”，也称为“跑道养鱼”。推水式循环水养殖模式前段是推水增氧装置，中段是养殖区，末段为除污装置。其主要原理是在一个池塘中固定几个流水单元池进行养殖，通过机械装置驱动养殖水体循环流动。单元池养殖更利于管理和投饲，通过在池后方增加鱼体排泄物收集装置，可以及时、快捷地对鱼体排泄物及其他废物进行清理。

前段的推水增氧装置是将水增氧后推入养殖区，使养殖槽水体可不间断循环流动，让鱼在流水中保持旺盛活力的同时，获得充足的溶氧量，并实现高密度养殖；除污装置将鱼类排泄物及残饵收集起来排入污水处理设施，实现了传统的全池塘养殖改为高密度流水养殖；形成了小面积养鱼，大面积养水的水产养殖模式。

推水式循环水养殖模式核心技术是“大水体养水、小水体养鱼”“鱼类从散养到圈养、截污纳管分流”，既能够有效收集鱼类的排泄物和残饵，解决了水体自身污染，又可以将收集的粪污转化利用，做到变废为宝，从根本上解决了水产养殖水体富营养化及养殖污染问题。这种集中养殖、集中除污的模式，可实现捕捞便捷、养殖产量增加、鱼品质提高、养殖污水“零排放”、保障水产品质量安全、提高经济及生态效益的目标。

二、技术要点

1. 小水体推水养殖

（1）池塘条件。养殖区为长方形水槽，占池塘面积的3%～5%，流水槽规格一般长22米左右、宽5米左右、高2.5米左右，一般每10亩水体设置1～2条水槽。水槽材料选择应综合考虑政策、技术、成本、投入等因素，因地制宜选用可拆卸易组装的环保型材料，尽最大可能减少改造工程对池塘的硬化。

（2）配套设备。流水槽配套设备应包括增氧设备、推水设备和投饵设备；增氧设备为4条槽共用1台3.6千瓦罗茨风机微孔增氧，并备用1台可调节氧气出气量的纯氧罐，纯氧机在投饲时和水体氧气不足时开。槽内两侧每隔2米安装一个长为2米的“T”形微孔增氧管与风机连接，曝气管放入池底；推水设备为每条槽前端安装1台1.8千瓦气提式推水机；每条流水槽配1台120瓦自动投饵机。养殖区安置物联网水质在线监测探头、溶氧报警系统和增氧机自动启动系统，通过在线监测和智能控制，提高病害灾害的应急反应处置能力。

（3）苗种放养。苗种投放前全塘用生石灰（水产用）按50千克/亩消毒，鱼种投放前1天要检查各设备是否正常。按照循环水体选择适宜高密度、流水养殖的水产品种，如斑点叉尾鮰、长吻鮠等。选择经检疫合格的鱼体健康、体质健壮、规格整齐、游动活泼大规格鱼种，投放时间为每年3—4月。

一般养殖水槽目标产量在100～150千克/立方米，根据放养种类和目标产量，确定合理放养密度和放养规格。通常用于养成鱼的流水槽将放养至少75克的鱼种，适宜放养100～125克的大规格鱼种，尽量当年上市。

（4）饲养管理。投喂放养品种和规格相适应的全价专用浮性膨化配合饲料，投饲前先开纯氧机1分钟，驯食形成吃食反应，再开动投饵机，每次投饲量以槽内鱼10分钟内吃完为宜。日投饲2～3次，具体为5—6月和9—10月每日早晚投饲1次，7—8月每日投饲3次，每次投饲15～20分钟，具体根据天气、水温、摄食情况等进行调整。

（5）日常管理。气提式推水和罗茨风机装置保持24小时不间断开启，以保证水体流动和溶氧充足。适时开启水车式增氧机和叶轮式增氧机，以增加净水区溶氧，促进氮、磷及有机物分解和转化。通过水质监测探头实时监测养殖水体的水温、pH 值、溶解氧、氨氮和亚硝酸盐指标，适时启动增氧和推水设备，确保养殖生产安全。

每日投喂饲料后 1～2 小时抽开底排污管进行排污，排水颜色不臭不黑、与池塘水颜色相近时停止，一般 2～5 分钟。养殖中后期根据实际情况适当增加底排污次数。早、晚各巡塘 1 次，查看进排水、增氧推水情况，及时观察鱼活动、摄食和水质情况；及时清除池内杂物，做好生产记录。

坚持“预防为主、防治结合”原则。对鱼进行操作时必须带水操作，避免鱼体受伤。定期用生石灰、碘制剂等对池塘进行消毒，定期泼洒芽孢杆菌等有益菌培养水质。

2. 粪污收集处理

集污区上游安装不锈钢拦鱼网片，网孔大小根据养殖对象规格确定，主养鱼类产生的粪便、残饵逐渐随流动的水体沉积在收集区，通过底部废物收集装置，将粪便、残饵排入沉淀池。一般每 3 条水槽应建设两个相通的体积 10 立方米的下沉式集污池，放置流水槽后端。

3. 大水体生态净化

大水体生态净化区应占池塘面积的 95%～97%，设置导流堤，水深 2 米以上；导流设施可以为砖砌水泥墙，也可用塑料编织布、高密度聚乙烯塑料膜等材料制作，引导水流绕着池塘做循环流动，促进流水槽养殖区与池塘净化区水体交流。大水体生态净化区以滤食性鱼类为主，一般饲养鲢、鳙鱼类，同时搭配田螺、河蚌、青虾、河蟹等，净化区套养规格为 100 克 / 尾的鲢 200～250 尾和规格为 100 克 / 尾的鳙 80～100 尾，采用碘或戊二醛等消毒剂对鱼体进行浸泡消毒后入塘放养，不再投料饲喂。

有条件的池塘可以合理配备人工生物浮床，可配置鱼菜共生，水草等水生植物的种植面积控制在净化区面积的 20%～30%。同时在净化区内，配备水车式增氧机、叶轮增氧机、涌浪机等，适时投放微生物制剂等。净水区池塘按水流方向每 10 亩水体配 2 台 2.5 千瓦水车式增氧机，净水区中部均匀放 1 台 2.5 千瓦叶轮式增氧机或涌浪机。

三、模式工艺流程图

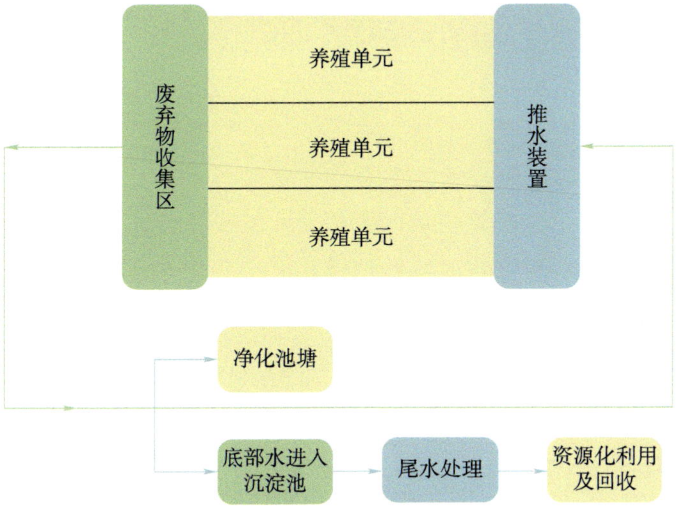

模式工艺流程图

注：箭头为水流方向。

四、提质增效

推水式循环水养殖模式可以有效收集养殖过程中产生的废弃物并加以利用，降低了养殖水体氨氮、亚硝酸盐等有害物质含量，实现净化水质与废弃物循环利用的目的，在提高养殖产量、改善鱼类品质、节约成本、方便管理等方面优势明显。

1. 生态效益

推水式养殖模式是典型的节水、节地、省工、高效养殖技术，理想情况下可实现“零污染、零排放”，有助于改善水生态环境。采用底排污与内循环结合，鱼类捕捞方便，排泄物和残剩饵料集中收集，尾水循环利用，可作为鱼菜共生、人工湿地等营养来源，节约成本，生态效益明显。池塘在净化区种植水生植物和套养滤食性鱼类，使养殖水体净化调节，实现循环利用。有数据显示，推水式循环水养殖模式，池塘排水量较传统池塘减少 63.6%，总氮、总磷、化学耗氧量分别降低 88.4%、93.6% 和 81.9%。

2. 经济效益

在推水式循环水养殖模式下，鱼的成活率大大提高，可达到 90% 以上；此外，生产过程耗水量小，产生的粪污（粪污收集率为 60%）经收纳可作为种植业有机肥循环利用，减轻环境污染，具有良好的生态效益。该模式在节水节能、高效减排等方面优势明显、经济效益显著。

3. 社会效益

有效节省了人力单位成本，提高产业化经营水平，养殖管理方便，相比于传统土塘养殖，需要管理的水体面积大大减少，节约人力成本。推水式循环水养殖模式相对于传统的池塘养殖模式，产业化水平有较大提高，有助于提高水产品安全和品质，精准流水养鱼可以让鱼不断运动，使肉质更加紧实，并且无土腥味，从而可以为人们提供更安全和优质的水产品。

五、应用场景

适用坑塘大水面养殖，可用于成鱼养殖，适合在成都市乃至全国范围内进行推广，南方地区一年四季均可养殖，北方地区受季节水温影响养殖周期相对较短。

六、生产实例

1. 养殖场名称：简阳永雄养殖专业合作社

2. 养殖场地址：四川省简阳市李坝村 7 组（梓桐村）

3. 养殖品种：斑点叉尾鮰、长吻鮠等。

4. 养殖场简介：简阳永雄养殖专业合作社养殖池塘面积 32 亩，平均水深 3.5 米，水源充足，为水库水和地下水，进、排水独立。该池塘建有 4 条流水槽，每条流水槽长 22 米、宽 5 米、深 2.2 米，底部和四周槽体等主体均采用不锈钢框架、砖砌结构，表面光滑。每条槽尾下沉 50 厘米，设集污区，长 2 米、宽 5 米，4 条槽集污区连通，以便收集残饵、粪便。集污区末端建锅底状底排污口，设排污管道与池塘外部固液分离池相通。流水槽进水端与出水端采用聚乙烯网片与槽外、吸污区隔离，养殖槽内水深 2.0 米。

5. 养殖场俯瞰图

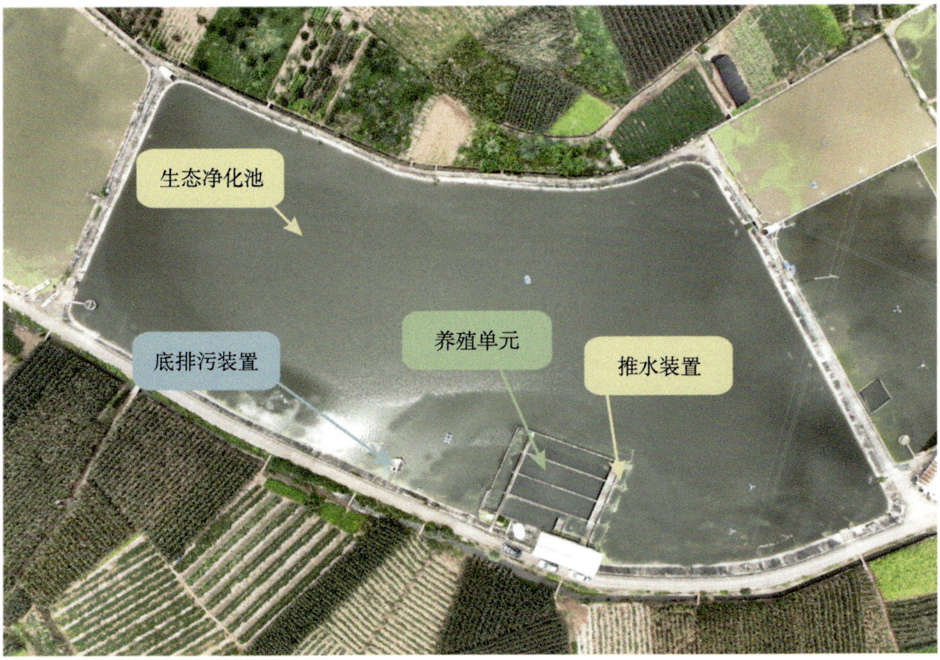

6. 现场照片

推水装置

养殖单元

生态净化塘

液氧供应设施

底排污设施

氧、水混合设备

（3）水深。1.5～2.5 米。

（4）增氧方式。喷水式、底增氧。

（5）水泵。位置：设在低位池末端，抽水进入高位池进水口；运行方式：连续；取水深度：水面下 0.3～0.4 米。

4. 低位池养殖技术要点

（1）养殖鱼类。品种：鲢、鳙、胭脂鱼、匙吻鲟等滤食性鱼类。养殖密度：120～200 尾 / 亩。

（2）水生植物。种植面积为低位池面积的 10%～15%。

（3）其他养殖技术同池塘养殖技术，但不投喂，同时控制水生植物种植面积。

三、模式工艺流程图

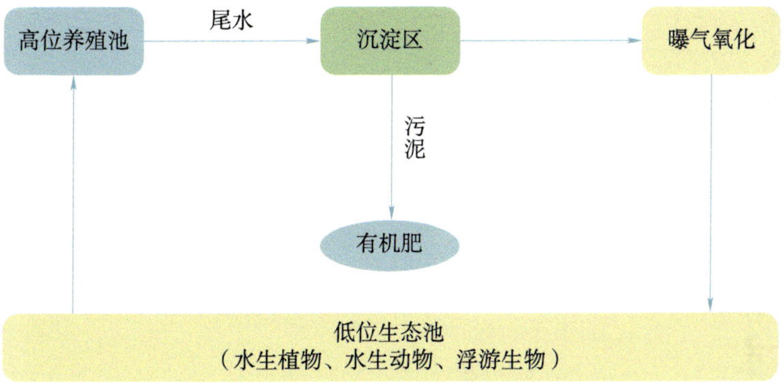

四、提质增效

1. 生态效益

高位池集中养殖名优水产品，养殖环境易控，病害减少；低位池主要进行水体净化作用，净化好的水体循环到高位池中使用，减少尾的排放量。该养殖模式相较于传统模式对水资源、土地的需求更少，处理效率高，具有良好的生态效益。

2. 经济效益

养殖面积小，易于管理。以循环水养殖大口黑鲈为例，达到相同产量可节约池塘面积近 10 倍，节约塘租可弥补电费增加，养殖效益提高 20% 以上。

3. 社会效益

该养殖模式尾水处理后循环利用，养殖全程环境可控、饲料利用率高，水产品质量安全有保证，促进了水产养殖可持续发展。

五、应用场景

该模式适用于地势具有一定落差的地区进行集约化循环水养殖；该模式把主养鱼类集中养在地势较高处，可以有效避免或减少遭遇洪水的损失；池塘多处于低洼地带，洪水期需注意排水沟渠道通畅，避免被洪水淹没。

六、生产实例

实例（一）

1. 养殖场名称：简阳市大众养殖有限责任公司

2. 养殖场地址：简阳市禾丰镇牛心山村 2 组

3. 养殖品种：鳜、大口黑鲈、泥鳅。

4. 养殖场简介：养殖基地位于简阳道螺简路旁，距成安渝高速简阳东出口约 8 千米，交通非常便利。基地距阳化河约 1 千米，农灌水渠直达基地，可随时给基地提供水源补充。基地总共流转农户土地 215 亩，其中养殖池塘 130 亩，设施农业用地 10 亩，建有简易工厂化循环水养殖车间 1 500 平方米（1 000 立方米养殖水体）。基地员工 11 人，基础设施建设投资约 800 万元，年产值约 1 200 万元，利润 150 万元左右。基地拥有“天鳅”“秧窝林”“川武康”等多个水产品品牌，生产的泥鳅、黄鳝等产品均通过国家“无公害”产品和产地认证。2020 年被评为“国家高新技术企业”“国家级水产健康养殖示范场”和“全国水产绿色健康养殖‘五大行动’骨干基地”。

5. 养殖场俯瞰图

6. 现场照片

基地外景图

高位养殖池

沉淀池

微滤机

微生物处理池

生态池

实例（二）

1. 养殖场名称：西来镇九曲村高位池养殖基地

2. 养殖场地址：蒲江县西来镇九曲村

3. 养殖品种：大口黑鲈

4. 养殖场简介：西来镇九曲村高位池养殖基地业主单位为邛崃市宏诚水产养殖有限公司，2021年8月建设。项目总占地约28亩，总投资约500万元，新改建7口面积约2亩的高位池，高位池直径42米，池边深度3米，中心位置深度5.5米，平均蓄水深度4米，在高位池中心有6条长6米、宽1米、深1米的集污槽，下端连接直径200毫米排水管。该基地目前主养品种为大口黑鲈，7口高位池养殖水体达23 000立方米，设计年产量约7.5万千克，年产值可达200万元以上。

该基地配套物联网智慧渔业水质检测系统，对氨氮、亚硝酸盐、pH 值、水温及溶氧等指标进行实时监测，通过网络把数据实时地反映到管理者手机上，做到数据可视化、可追溯。同时修建“三池两坝”尾水处理系统，设施面积约 4.5 亩，尾水经管道收集后，通过“沉淀池＋过滤坝＋曝气池＋过滤坝＋生态净化池”方式进行处理。基地在智慧渔业系统、池塘底排污系统支持下，综合实现水质监控、水质调节、尾水处理、精准化投喂等精准示范，充分发挥引领示范作用。

5. 养殖场平面示意图

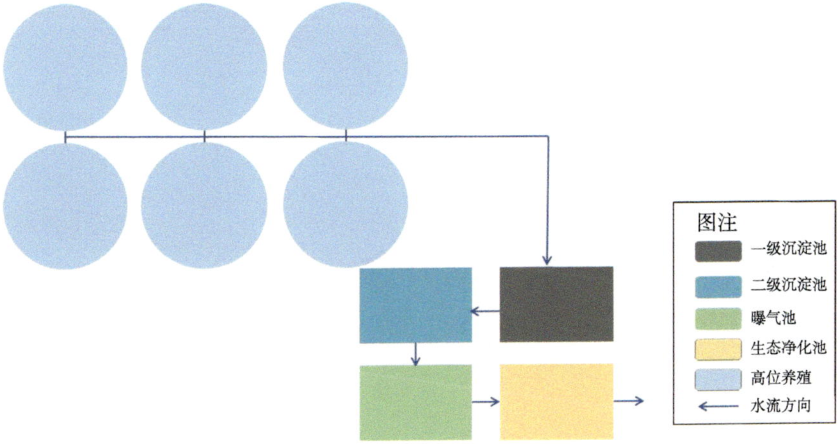

6. 现场照片

高位养殖池

一级沉淀池

二级沉淀池

微滤机

曝气池

生态净化池

陆基式设施循环水养殖模式

一、模式介绍

陆基式设施循环水养殖，是采用 PVC 板、玻璃钢和帆布等为材料，通过标准化、系统化设计，进行循环水养殖的一种集约化高密度养殖模式。养殖单元采用集中养殖、精准投喂饲料、尾水收集处理、池塘耦联净水等技术，在循环水设施池养鱼过程中增加原位水质修复技术，净水池塘进行水体异位修复，实现“水产品高产、养殖水循环”的综合效果。此模式不受传统养鱼选择河流、池塘的限制，改变传统“粗放”养殖为“精准”养殖，可根据不同的地貌建立不同规模的养殖场，减少温度变化对养殖的影响，具有资源节约、环境友好、节水节地、智能可控、质量安全、生态环保、集约高效等优点，满足广大消费者对优质水产品的需求。以循环水养殖大口黑鲈为例，达到相同产量可节约池塘面积近 10 倍，实现土地、人工、饲料“三节约”，产量、质量、效益“三提高”，综合效益提高 20% 以上。该模式已制定成都市地方标准。

二、技术要点

包括陆基式设施建设、净化池设施建设及苗种投放、饲养管理和疾病预防等配套技术。

1. 陆基式循环水养殖设施建设

陆基循环水养殖池整体以圆柱体为宜，底部为圆锥形，呈 1/8～1/3 坡度，地面以上呈圆柱形，容积 80～300 立方米，池体可高出地面 20～100 厘米，池塘配套设备齐全，方便进排水、清洗、消毒等生产操作，池体放置于硬化或压实地面，固定在室内、池塘、稻田或水库等附近，有条件的每亩水域可配备净化水池。

（1）进排水设施。进水口在养殖池侧面顶端，设置一个溢水口，进水口流量根据养殖池容积设置，水循环量为 5～10 立方米 / 小时，单次循环时间为 4～5 小时。

（2）增氧设备。养殖池配备增氧设备，根据池体大小配备风机（功率不低于 3 千瓦），进气管由排空阀、PVC/PPR 管连接，也可配备纯氧机或制氧机，箱内配溶解氧探头，保证养殖池内水体 24 小时溶氧在 6 毫克 / 升以上。

（3）排污系统。养殖池底部圆锥体与圆柱体连接处安设隔离网，利于残渣粪便沉淀，椎体下部中间位置设置排污口，排污口直径为 20～30 厘米，沉淀下去的残渣粪便积聚在排污口周围利于排除。采用生态沟渠、明渠或 PPR 管或 PVC 管做排水，明渠宽 20～30 厘米、深 20～30 厘米，管道可选用 Φ160～Φ315 毫米管道。

（4）水处理系统。养殖池集污槽中的粪便、残渣等流至微滤机中，微滤机水处理量 10～20 立方米 / 小时，80～100 目网目，去除大粒径固体颗粒，大粒径颗粒被收集到微滤机排污管，可供农作物种植利用，小粒径可排入净化池塘、稻田或水库中。

2. 净化池设施建设

普通养殖池塘即可，养殖品种选择鲢、鳙和胭脂鱼等滤食性鱼类及虾、蟹、贝等净水水生动物。栽种水生植物，种植面积为净化池面积的 10%～20%。

3. 苗种投放

（1）试水。苗种放养前系统需试运行，测试进出水管道、水泵及气泵等是否正常运行；取养殖池原池水进行试水，试水时间不少于 24 小时，如鱼种活动正常，则可放养。

（2）苗种来源。苗种来源合法并检疫合格，要求体型正常、无病无伤、鳞片和鳍条完整。

（3）投放品种。投放能摄食膨化浮性饲料、适应于高密度集约化养殖的鱼类品种，以经济价值较高吃食性品种为宜，如大口黑鲈、黄颡鱼、斑点叉尾鮰、翘嘴红鲌和鳜鱼等。

（4）放养规格及密度。苗种放养规格 10～50 克 / 尾为宜，放养密度控制在 40～80 尾 / 立方米。

（5）苗种消毒。放养前进行鱼体消毒，常用消毒剂可选用碘制剂和醛制剂等。

（6）放养。放养时间宜选择晴天，放养时水温与池塘的水温基本一致，温差 ±2℃。

4. 饲养管理

（1）投喂。根据天气、水温、鱼的生长和鱼类的摄食情况确定，每天投喂 2～3 次，按鱼体重 3%～5% 投喂，以鱼抢食不明显、七八分饱为宜。

（2）日常管理。加强日常巡视工作，观察鱼体活力情况和摄食情况，如发现鱼离群、游动异常等不正常行为，应及时采取应对措施；发现死鱼、病鱼及时捞取，及时清理水体杂物；每天定时监测水质情况，做好水质检测记录（水温、溶解氧、pH 值、氨氮和亚硝酸盐等），保证水体溶解氧在 6 毫克 / 升以上；做好生产、用药及销售记录等。

5. 疾病预防

按照水生动物疾病预防的要求定期消毒，坚持“以防为主、防治结合”的原则，药物的使用应符合 NY 5071 的规定。养殖过程中保持水质清新，生产工具专用，定期对养殖水体进行消毒、对鱼类寄生虫进行杀灭。

6. 捕捞

根据鱼体规格和市场行情适时捕捞上市，并严格执行休药期管理规定。

7. 净水池养殖

同池塘养殖技术，但不投喂，同时控制水生植物种植面积，及时起捕或补充净水水生动物。

8. 注意事项

（1）养殖池塘与净化池高差影响排污效果和运行能耗，需要因地制宜进行确定。

（2）循环次数与循环水容量、密度有密切关系，循环次数多，产量高。

（3）使用以上参数应根据实际情况、养殖品种特点等进行调整，以达到最佳效果。

三、模式工艺流程图

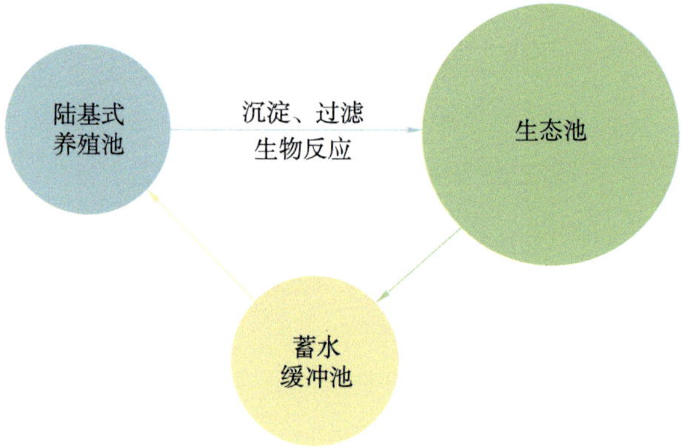

四、提质增效情况

1. 生态效益

陆基设施循环水池在降低水质、气候等自然条件对渔业产业影响的同时，实现循环水高效利用，同时可与本地资源（如稻田、藕塘等）就近结合，将沉淀和生化处理后的养殖尾水用于浇灌水稻、作物等，以有机肥替代化肥，实现化肥农药双减，保持生态平衡，生态效益显著。

2. 经济效益

陆基式设施循环水养殖技术，通过精准投喂和自动化管理等综合措施进行高密度高效养殖，大大缩短鱼类养殖周期，一年实现两茬甚至三茬养殖，相同养殖面积产量与传统池塘养殖相比节约土地面积近 10 倍，实现土地、人工、饲料“三节约”，产量、质量、效益“三提高”。

3. 社会效益

陆基式设施循环水养殖技术推广应用，充分利用丰富的土地资源和地表地下水资源优势。提升水产品品质及产量，有助于保护环境和满足城乡居民对水产品“质”的需求，是确保水产品质量安全的重要生产方式之一。

五、应用场景

可用于成鱼养殖、大规格苗种培育以及鲜活鱼的暂养提质。

六、生产实例

1. **养殖场名称**：简阳市平泉街道梓桐村养殖基地

2. **养殖场地址**：成都市简阳市平泉街道梓桐村

3. **养殖品种**：大口黑鲈、德国镜鲤等。

4. **养殖场简介**：简阳市平泉街道梓桐村养殖基地位于简阳市沱东生态农场规划范围，紧邻成都都市圈环线高速，距成渝经济区环线高速平泉、施家出口约5千米，距318国道约3千米，农产品运输便捷，距成都市农产品批发市场——白家水产市场80千米。基地已建成陆基式循环水池16口，池塘面积100亩，稻渔综合种养基地200亩。近年来梓桐村按照“提升一产业、壮大二产业、延伸三产业”的思路，立足乡村育水产、壮大水产助乡村，夯实村集体经济循环水养殖发展基础，创新传统养殖经营方式，以鱼为媒，带动民宿、餐饮、娱乐、观赏、休闲垂钓、农业种植等新型业态产生，不断推动“水产业”向“水产旅游业”发展，提升农业一二三产业的融合度，不断延伸产业链，提高附加值，带动群众增收致富，壮大村集体经济，实现巩固拓展脱贫攻坚成果同乡村振兴有效衔接。

5. **养殖场平面图**

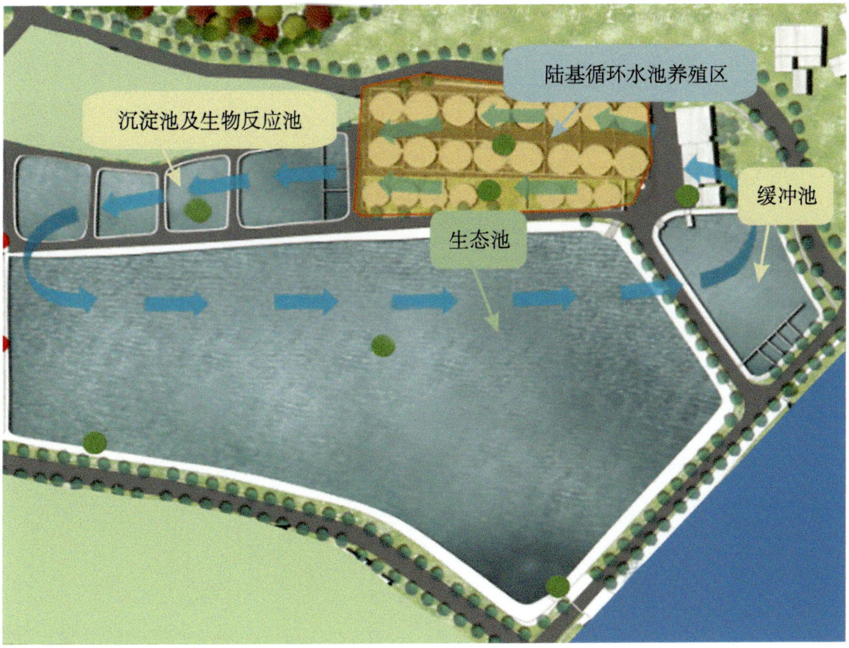

6. 现场照片

陆基式循环水养殖池

单个循环水养殖池

液氧装置

液氧供应塔

沉淀生物反应池

蓄水缓冲池

大水面生态增养殖模式

一、模式介绍

大水面渔业，最早于1979年提出，广义上指利用内陆湖泊、水库、河沟水域发展的增养殖。全国大水面渔业先后经历了20世纪70年代的施肥养鱼和80年代“三网”养殖（网箱、网围、网栏），这些养殖模式为解决“吃鱼难”作出了重要贡献，但是，水环境污染、藻华暴发等现象日益凸显。21世纪以来，大水面渔业开展从集约化养殖向生态养殖转型，“养鱼”发展为“养水”。净水渔业，又称为保水渔业，最初是由刘其根教授在谢平等人的非经典生物操纵的基础上提出的，是基于非经典生物操纵理论，以现代生态学理论为基础，根据水体特定的环境条件，以保护水环境、改善水质为目的，通过选择适当的鱼、虾、贝类进行人工放养，修复该水域被破坏的水生动物群落组成，调控湖水中的氮、磷而减缓富营养化与蓝藻暴发危害，让水中的氮、磷通过营养的转化，增强水体自净能力，保障生态平衡，以改善水域的水生生物群落，增强水体自净能力。采取生物操纵方法即通过适当放养净水生物如滤食性鱼类等来控制浮游植物生物量，降低水体富营养化程度，改善水库水质，保障生态平衡，达到“以渔治水、以渔净水”的目标，大水面渔业已经在全国的多地实行并已被证实能有效防治蓝藻水华和水体富营养化。

二、技术要点

1. 设施建设

一般情况下，大水面生态净水渔业，需要构建进排水闸门、拦鱼设施、堤坝、码头以及各养殖功能区。注排水闸门的构建主要是基于自由的水源供给与排放，需要保障在水域内的水位处于长久稳定不塌陷且相对鲜活的状态，注水口高于出水口。拦鱼设施主要构建在注排水口处，其目的是为了避免养殖鱼类逃逸，需要设置相应的拦网。堤坝的效果需要保证水位较高时不坍塌，且能够抵抗洪水季节的水量冲击。根据实际需求进行码头规划建设，主要提供船只停泊靠岸、渔货卸港、渔船补给服务和休闲垂钓服务。净水渔业功能分区可设置净水渔业增（养）殖区、休闲渔业区、生态鱼暂养区等。

2. 增养殖方案确立

根据水域生态环境状况、渔业资源禀赋、水域承载力、产业发展基础和市场需求，对大水面生态净水渔业明确功能定位和厘清发展思路。科学合理规划大水面生态净水渔业发展布局和养殖功能，必须按照生态优先原则，在严格控制大水面渔业养殖容量标准前提下，合理规划养殖布局，明确其水产养殖功能，制定生态渔业发展规划，明确发展模式、方向和目标，制定和落实具体发展措施。养殖方案的制定需建立在水生生物资源及其栖息生境调查的基础上。根据水域渔业功能定位，按照水域承载力开展适宜的放养种类、放养量、放养比例、捕捞时间和捕捞量的确定，制订短期和长期的增养殖方案，实现以渔抑藻、以渔净水。

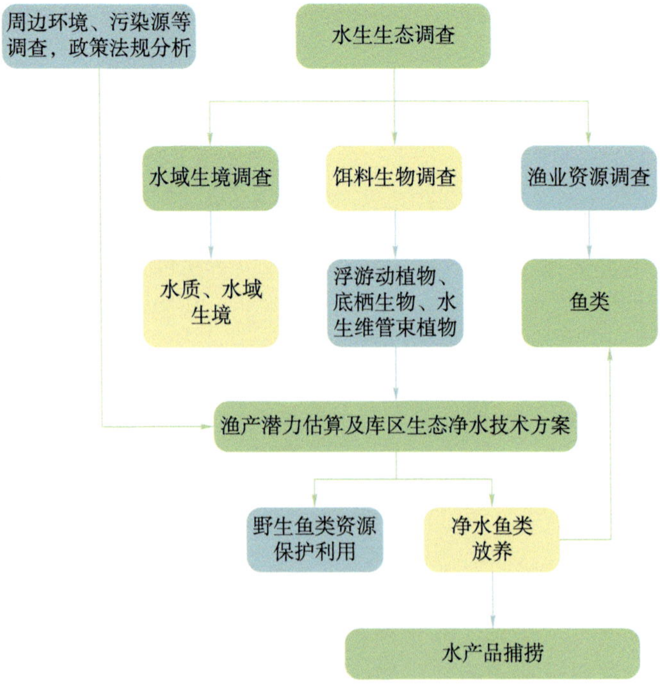

大水面生态净水渔业增养殖方案确立路线

3. 增养殖容量测算

大水面增养殖容量是指在保持生态系统健康、兼顾经济效益的前提下，大水面依靠自然资源的生产力所能产出的单位最大鱼类等水生经济动物生物量，包括自然增殖和人工放流增殖的水生经济动物的生物量。根据农业农村部《大水面增养殖容量计算方法》（SC/T 1149—2020）标准，增养殖容量测算前需开展渔业资源与环境调查，推荐使用食物网模型和生物能量学模式两种方法计算增养殖容量。

4. 鱼种放养

（1）苗种来源。人工放流增殖的苗种须从具有水产苗种生产许可证的苗种生产单位处购买，苗种质量要求无病无伤、体质健壮且购买苗种检疫合格。采用活鱼车或塑料袋充氧运输，符合 SC/T 1075《鱼苗、鱼种运输通用技术要求》。

（2）放养品种。大水面生态净水渔业的养殖品种搭配需要充分结合当地大水面的水体环境条件，以及鱼类经销的各种影响因素，并结合水体中鱼的种类进行确定。以品种合理搭配并尊重水库自然生态基础，选择滤食性鱼类品种以鲢、鳙为主，杂食性鱼类以鲤、鲫为主，适当搭配青鱼、草鱼等品种。

（3）放养比例。滤食与其他鱼类放养比为（8～10）：1。鲢、鳙放养的比例根据水域营养状况、天然饵料组成和生物量来确定，一般鳙的放养量应不同程度的多于鲢，若水体处于中等营养、中—富营养或正向富营养水平过度，鲢、鳙以 3：7 或 4：6 比例进行常规混养比较合适，视浮游动物多寡调整比例。

（4）放养规格。放养鱼种的规格和质量关系着鱼类的成活率、生长率及回捕率。大水面生态净水渔业常见推荐放流品种规格见表 1。经多年反复实践和试验证明，鱼种投放规格越大，成活率越高，如果放养规格过小，鱼种就不能迅速适应大水面的生活环境，索饵能力弱，生长慢，容易招致敌害侵害，从进出水口的拦鱼设施逃跑的机会也多。建议以投放大规格的 1 龄鱼种为主，2 龄鱼种为辅，在投放密度设计合理情况下，既有产量保证，也能防止养殖密度过高造成鱼类生长缓慢、易引发病患。

（5）放养密度。放养密度根据水域营养类型及增养殖容量测算结果确定，根据长期渔业资源与环境监测结果，动态调整放养密度。

（6）放养时机。投放时间选择在一年中水温适宜的季节，宜在秋末冬初或早春、晴暖无风天气进行投放。投放地点应选择安全、避风向阳、水深适宜和便于投放操作的地点。投放量过大时，宜分散投放，鱼种投放前进行消毒防疫。

表 1 大水面生态净水渔业放流品种规格

放养种类	建议规格	放养种类	建议规格
鲢	3～30 厘米	鳙	3～30 厘米
青鱼	15～25 厘米	草鱼	10～25 厘米
鲤	3～25 厘米	鲫	3～10 厘米

（7）日常管理。大水面生态净水渔业模式禁止人工投喂饲料，其饵料来源于水体中的天然饵料，主要是浮游生物、底栖生物、有机碎屑、水草和小型鱼类等。日常管理中要经常巡逻，定期检查、清理、维护渔业设施，及时捞出死鱼并进行无害化处理。防止偷鱼、毒鱼、电鱼及逃鱼等事件发生。每年不定期抽样检测水质，确保水质符合 GB 11607《渔业水质标准》要求，同时，大水面净水水质满足 GB 3838《地表水环境质量标准》中相关水域功能水质的要求。做好各类生产记录，形成档案管理，建立可追溯制度。

5. 捕捞方案

捕捞是渔获量实现的过程，没有有效的捕捞方法也难以充分利用资源而形成产量。放养鱼类的回捕率为 30%～50% 时，经营效果极好；回捕率为 10%～30% 时，则经营效果好；回捕率小于 10% 时，则经营效果较差。根据水域不同条件采取不同的渔具渔法进行捕捞，建议商品鱼最小起捕规格为鲢、鳙均不小于 1.5 千克 / 尾，其他经济鱼类根据市场商品鱼规格确定，活鱼运输符合 GB/T 27638《活鱼运输技术规范》。

6. 保水护水

为充分利用天然饵料，发挥鱼类之间的互利作用，建议加大滤食性鱼类的投放量，控制草食性鱼类的投放量，增加水草的生长，保护水域周围水生植物并适当培养一些高等水生生物，以吸收水体过多的营养物质，提高水体的自净能力。同时，定期打捞清运游客、钓鱼人所产生的生活垃圾和上游冲水所带来的漂浮物，倡导和引导游客爱护环境。对病死鱼及时进行打捞，避免疾病的传播与蔓延，零星死鱼进行集中无害化处理，但如果出现大面积死鱼则上报相关部门，由国家相关部门或机构进行检测诊断，并无害化处理。

7. 推动渔业三产融合与高质量发展

围绕高质量发展目标，发挥大水面生态净水渔业资源优势，集成水质保护、品质提升、品牌创建、精深加工、休闲渔业和文化传承等技术支撑体系，将水产养殖与产品加工及休闲渔业、设施渔业有机结合起来，构建三产融合的生态渔业产业模式，不断延长产业链、提升价值链，提高质量和效益，促进文化、旅游、体育、垂钓、观光、餐饮、康养深度融合，显著提升大水面生态渔业发展效益。

8. 管理要求

按照相关规定，发展大水面生态净水渔业需在相关部门指导和监督下开展养殖活动，通过建立“统一投放、统一捕捞、统一标准、统一品牌、统一销售”的体制机制，统一培育和打造生态鱼品牌，提升鱼类品质、产值和价值，并通过产业链的配套延伸，增加百姓就业和务工机会，有利于安全管理。加强保护养殖水域的环境、使用优质苗种，正确选择捕捞网具和捕捞方法，减少在捕捞过程中鱼体受伤，保证起捕规格基本一致。从优化加工、保障、包装、标志等各个环节入手，用于活鱼储存和运输的暂养池、车辆、容器等要清洁卫生。加强水生动物防疫检疫，确保生态养殖所投放的各类苗种性状稳定、体质健壮、规格整齐、抗病力强，从源头上有效控制疫病的滋生和传播，保障渔业生态安全。

9. 动态调整养殖方案

应对实施生态净水渔业模式下的大水面生态系统进行长期监测，包括水环境监测、浮游生物和底栖生物监测、鱼类资源现状与种群动态监测等，并通过监测数据对大水面生态系统食物网结构进行研究，了解生态净水渔业模式下大水面生态系统的演替规律，按相关标准和要求适时评估渔业生产力的变动及生态净水渔业对水库生态系统的影响，从而及时调整渔业策略，保证水环境健康和生态渔业的科学可持续发展。

三、提质增效情况

1. 生态效益

通过增殖放流鲢、鳙等水生生物可明显改善水域水质，达到以渔抑藻、以渔净水的目的。研究表明，每生产 1 千克鲢、鳙，可以从水中带出 20.04 克氮、1.46 克磷、118.6 克碳；每放养 10 万尾滤食性鱼苗，形成的生物碳汇相当于植树造林 1 公顷。净水生物通过生态系统食物链的功能，鱼类将水中氮、磷等营养物质转化为水产品，通过捕捞行为将营养物质以水产品形式带出水域，减轻水体氮、磷营养物质负荷，起到最终净化水质的作用。其次，鱼类作为水域生态系统的重要生物因子，在维持生态系统结构和功能的稳定方面有着不可替代的作用。再次，采取有效的增殖措施，使水域内鱼类组成和饵料生物资源相适应，鱼类种群结构趋于合理，水域内珍稀、特有和土著鱼类得到保护和发展，有利于促进水域内鱼类资源的恢复和保护。

2. 经济效益

大水面生态净水渔业是水产和农业的重要板块，大水面生态净水渔业资源多分布在偏远区域，在乡村振兴、巩固脱贫攻坚成果大背景下，发展大水面生态渔业是区域践行"两山"理论、带动产业可持续发展、增加农民收入、巩固脱贫攻坚成果和推进乡村振兴全面发展的有效手段。此外，通过大水面生态净水渔业产出的水产品，其品质高于池塘养殖水产品，加上品牌建设推广，销售价格大大提升，养殖效益可观。结合休闲渔业开发，发展休闲垂钓、举办各类赛事活动、推动乡村旅游发展，均可提高养殖附加收益，经济效益显著。

3. 社会效益

通过大水面净水生态修复使人们能够体会到优良湖库保护的重要性和环境效益，体验人与自然和谐共存协调关系，进而激发公众的环境保护意识，提高公众环境保护意识。另外，水域内鱼种投放后，每年可向周边地区提供大量高品质水产品，有利于保障民生，维持水产品供给，控制产品价格，保障社会秩序稳定，同时促进当地经济发展，改善当地群众生活环境、生活水平，增强当地的可持续发展动力。

四、应用场景

本技术适用于成都市范围内湖泊、水库、沙坑等需通过开展净水渔业模式来达到修复水域生态的大水面水域，不包含岷江和沱江及其支流等主要河流开发建设涉水工程形成的水库及饮用水源。可在全省乃至全国范围内推广。

五、生产实例

1. 实例名称：三岔湖大水面生态净水渔业

2. 地址：成都市东部新区三岔街道

3. 养殖品种：鳙、鲢、鲤、鲫、先锋 1 号鲌等。

4. 简介：三岔湖原名三岔水库，属大（二）型水库，位于成都市东南 54 千米的成都市东部新区三岔街道，系沱江支流绛溪河上游，由于湖面及周边风景优美，号称“天府明珠”。三岔湖水源主要引自岷江（都江堰段），通过上游张家岩水库分出的南干渠引水，约占水库总水量的 80%，另有约 20% 来自降雨和跳蹬河及龙云河两条小溪。2011 年 9 月，通过《三岔水库生态养殖合作合同书》规定了三岔水库采取生态渔业的方式，在确保三岔水库水域生态环境有效保护的前提下，获得生态渔业的良性发展。

管理公司以“以鱼治水，以渔保水”为总要求，在委托相关水产专业机构通过开展三岔湖水生生态调查，综合评估水库水生生物和鱼类资源现状基础上，估算三岔湖的天然鱼产力。目前，水库常年投放规格为 250～500 克的鲢、鳙鱼苗 110 万尾左右，鳙的比例控制在 70% 以上，投放的数量和比例主要根据水库水质、往年投放和回捕情况以及长势来确定。此外，管理公司不定期投放草鱼、鲤、鲫、瓦氏黄颡鱼、先锋 1 号鲌、武昌鱼、青鱼等垂钓品种。捕捞实行捕大留小、捕大补小、轮捕轮放的捕捞方式，捕捞规格为鲢、鳙和草鱼成鱼规格分别达到 1.5 千克 / 尾以上、2.0 千克 / 尾以上和 2.0 千克 / 尾以上。

三岔湖成功打造“三岔湖生态鱼”等品牌，完成三岔湖有机水产品认证，创建四川省著名商标，大力培育区域品牌的社会影响力。建成了一个集一流垂钓设施、赛事功能完备、后勤保障完善的赛事垂钓基地，吸引了无数的垂钓爱好者和游客到三岔湖观光旅游、休闲垂钓。

目前三岔湖年产各类优质生态品牌鱼 60 余万千克，公司通过创造生态品牌鱼来弥补鱼产量的下降，实现直接销售收入 2 000 万元以上，纯收益达到 600 余万元；休闲游钓收入 200 余万元，纯收益 80 余万元。三岔湖建有五星级酒店一家，最高峰时有各种农家乐、渔家乐 300 多家。每年前往休闲垂钓人数达 2 万人次，解决当地就业 800 余人。

5. 养殖场俯瞰图

6. 现场照片

三岔湖水域生境及岛屿

三岔湖岛屿

三岔湖水域

商品鱼捕捞

水环境保护

产品鱼

连片池塘尾水集中处理养殖模式

一、模式介绍

池塘养殖是成都最主要的水产养殖模式，连片池塘养殖会产生大量尾水难以处理而使养殖受到影响。连片池塘尾水集中处理养殖模式，是一种集人工设施和生态工程化废水处理为一体，对连片池塘尾水集中处理的技术模式。该模式采取对连片池塘进排水、池塘底排污改造，再通过人工曝气、人工湿地、生态沟渠等技术措施对养殖尾水进行集中生物净化。尾水集中处理的主要作用机理包括吸附、滞留、过滤、氧化还原、沉淀、微生物分解、转化、植物遮蔽、残留物积累、蒸腾水分和养分吸收及各类动物作用，实现对集中连片养殖池塘尾水进行资源化利用。该模式具有成本低、维护少、用途广等特点。集中连片池塘养殖区域的尾水治理，对构建产出高效、产品安全、资源节约、环境友好的现代渔业产业体系，促进渔业产业转型升级具有重要意义。

二、技术要点

连片池塘尾水集中处理养殖模式是针对水产养殖尾水“三高一低”（悬浮物含量高、氮磷含量高、COD 含量高、水色浓透明度低）污染特点，采用科学组合沉淀池、过滤坝、曝气池、生物净化池等整套治理设施的多级人工湿地净化尾水处理模式，有效净化水产养殖排放尾水，其水质净化的关键在于工艺的选择和对植物的选择及应用配置，主要采用“三池两坝”模式。

1. 尾水处理设施布局

选择连片养殖区域或高密度养殖区域布设，充分利用河道、沟渠功能，因地制宜建设沉淀、过滤、生物处理等尾水治理系统。养殖尾水处理面积可根据不同养殖品种和养殖方式确定，一般为不小于养殖总面积的6%～10%：大宗淡水鱼、淡水虾蟹类养殖池塘不小于养殖总面积的6%，乌鳢、大口黑鲈、黄颡鱼、翘嘴鲌以及龟鳖类养殖池塘不小于养殖总面积的10%，其他品种约为养殖总面积的8%。处理工艺主要流程为：生态沟渠—沉淀池—过滤坝—曝气池—过滤坝—生物净化池—（洁水池），根据养殖品种、面积等可酌情增减过滤坝或人工湿地；沉淀池与洁水池面积应尽可能大，满足蓄水功能；沉淀池、曝气池、生物净化池、洁水池的比例约为45∶5∶10∶40。

2. 生态沟渠构建技术

可利用养殖区域内原有的排水渠道、防洪沟道进行改造，沟渠坡岸可种植绿化植物，在沟渠内设置浮床，种植水生植物，利用生态沟渠对尾水进行初步处理，最终汇集至沉淀池，无可利用沟渠时，可用排水管道将养殖尾水汇集至沉淀池。生物布置可参照：生物浮床覆盖面达水面1/3～2/3；贝类：河蚌、螺蛳等，数量30～50千克/亩；鱼类可放置鲢、鳙等，数量3～5千克/平方米；种植挺水植物。

3. 沉淀池构建技术

沉淀池面积应不小于尾水处理设施总面积的45%，可在沉淀池内设置“之”字形挡水设施，增加水流流程，也可在沉淀池中添加生物絮凝剂，以加快悬浮物的沉淀速度。在池中做生物布置（同生态沟渠），以吸收利用水体中的营养盐。

4. 过滤坝构建技术

用空心砖或钢架结构搭建过滤坝外部墙体，在坝体中填充大小不一的滤料，滤料可选择陶粒、火山石、细沙、碎石、棕片和活性炭等，以进一步滤去水体中的悬浮物。坝前应设置一道与过滤坝持平细网材质的挡网，用以拦截落叶等漂浮物。过滤坝建设还应注重汛期泄洪设施配套，并定期更换或清洗维护过滤坝。过滤滤材可用网袋装好后再放入坝中，利于后期取出清洗替换。

5. 曝气池构建技术

曝气池面积为尾水处理设施总面积的5%左右，曝气头设置密度不小于每3平方米1个，曝气头安装时应距离池底30厘米以上，罗茨风机功率配备不小于每100个曝气头3千瓦，罗茨风机须用不锈钢罩保护或安装在生产管理用房内。为防止水体中悬浮物浓度过高堵塞曝气头可硬化曝气池底部与四周坡岸，应在曝气池中定期添加芽孢杆菌、光合细菌等微生物制剂，用以加速分解水体中有机物。

6. 生物净化池构建技术

生物净化池面积占尾水处理设施总面积的10%左右，池内悬挂毛刷或弹性涂料等生物材料，方向与水流方向垂直，毛刷底部固定，确保毛刷挺直，不随水流漂动。定期添加芽孢杆菌、光合细菌等微生物制剂，用以加速分解水体中有机物。

7. 人工湿地、洁水池构建技术

洁水池面积应占尾水处理设施总面积的40%以上，填料选择具有一定机械强度、比表面积较大、稳定性良好并具有合适孔隙率及表面粗糙度的填充物，如火山岩、陶砾、矿渣、鹅卵石或磁珠等高分子材料。人工湿地内可移栽成活率高、耐污去污能力强、耐寒性好的本地植物，合理选择植物种类，以保证四季均有植物生长。

8. 植物的选择

沉水植物可选择狐尾藻、眼子菜、金鱼藻、黑叶轮藻和伊乐藻；挺水植物可选择香蒲、菖蒲、水芹菜、藕和美人蕉等；浮水植物可选择水禾、睡莲、凤眼莲和空心菜等。

三、模式工艺流程图

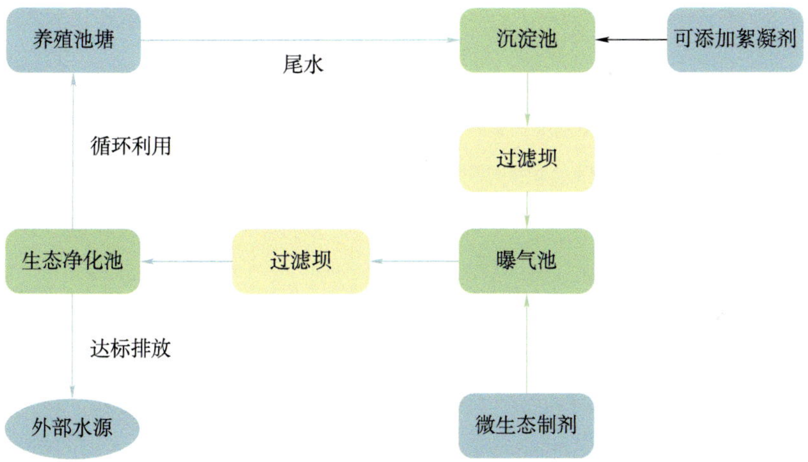

四、提质增效情况

1. 生态效益

连片池塘尾水集中处理养殖模式显著减少了水产养殖对周边水环境的生态压力，对保护水域环境贡献突出，生态效益显著。经过处理的尾水透明度上升，悬浮物、总氮、总磷明显下降，达排放标准，对区域环保治理和水环境改善起到良好的示范及带动作用。

2. 经济效益

连片池塘尾水集中处理养殖模式设施工程工艺简单，对建筑设施要求不高，可借助原有的沟渠、池塘等，设计要求不高；该设施处理效果好，能显著解决养殖尾水“三高一低”的问题，减少养殖中的疾病发生率，降低养殖成本，养殖区域品牌知名度明显提升，对渔业增效、养殖户增收致富起到积极的促进作用；同时该设施运行费用低，仅需及时补种死亡的水生植物，适时清理沟渠、堤坝淤塞等，按时更换辅助材料。

3. 社会效益

该模式将尾水治理与环境美化相结合，有一定观赏价值；该模式对高密度养殖尾水处理效果良好，能针对性的解决集中连片池塘产生的尾水，可确保全过程优良水质稳定可控，对于促进水资源的可持续发展具有至关重要的意义，推动养殖户养殖理念的转变、产业特色化发展，让养殖户充分享有生态养殖业带来的增值收益，促进乡村全面振兴，具有深远的社会效益。

五、应用场景

连片池塘尾水集中处理养殖模式能有效净化养殖尾水，适用于内陆养殖，有缓冲容量大、处理效果好、工艺简单、投资相对少、运行费用低等特点，较为适合管理水平不高、集中连片池塘或高密度养殖的尾水处理，对气候要求不高，适合在成都市乃至全国范围内进行推广。

六、生产实例

实例（一）

1. 养殖场名称：蒲江县西来镇马福村张山沟片区池塘养殖基地

2. 养殖场地址：蒲江县西来镇马福村 6 组

3. 养殖品种：大口黑鲈、鲫、黄颡鱼等。

4. 养殖场简介：张山沟片区池塘养殖位于蒲江县西来镇马福村 6 组，2023 年启动建设蒲江县西来镇马福村张山沟片区池塘养殖尾水集中治理项目，占地约 22 亩，总投资 389 万余元，12 月底竣工投用。该项目采用“集水池 + 沉淀池 + 过滤坝 + 曝气池 + 过滤坝 + 生态净化池”方式进行尾水处理，同时建立后期管护机制，通过物理沉淀和生物净化等方式，集中处理马福村池塘养殖尾水。养殖尾水经张山沟流至尾水处理设施引水沟渠进入集水池蓄积，采用抽水泵将水抽至沉淀池内，经过两次沉淀后流经过滤坝进入曝气池，经曝气池底部增氧设施充分曝气氧化、挥发、分解等过程，去除有机物和氨氮等污染物质，后通过第二道过滤坝进入后端生态净化池，通过生态净化池中水生植物、水生动物等构建的综合立体生态处理系统，进一步降低水体中氮、磷浓度，实现尾水达标排放。

该项目通过以点带面、因地制宜建设池塘养殖尾水集中处理设施，形成实用性强、可持续的尾水治理模式，着力构建产出高效、产品安全、资源节约、环境友好的现代渔业生态环境体系，有效推进池塘养殖尾水治理，为水产业环保治理起到良好的示范及带动作用。

5. 养殖场俯瞰图

6. 现场照片

集水池

沉淀池 1

沉淀池 2+ 过滤坝 1

曝气池

过滤坝 2

生态净化池

水处理前

水处理后

实例（二）

1. 养殖场名称：大邑县沙渠街道祥龙社区龙华渔场

2. 养殖场地址：成都市大邑县沙渠街道祥龙社区 16、17 组

3. 养殖品种：大口黑鲈、鲢、鳙等。

4. 养殖场简介：龙华渔场位于大邑县东南端沙渠街道祥龙社区，距成都二环路仅 36 千米，交通便利，紧邻岷江支流西河，渔场于 20 世纪 80 年代初由村集体投资建设，池塘面积 88 亩，近年来，渔场主要养殖大口黑鲈，套养鲢鳙，年产大口黑鲈 120 吨，产值 480 万元。池塘集中连片，进、排水渠道分开，独立排灌。渔场对养殖尾水进行集中收集，采用“三池两坝”多级处理后种养结合，资源化利用。尾水治理设施面积占养殖总面积的 15%，约 13 亩。分为三个沉淀净化池和两个过滤坝，第一个沉淀净化池约 4.5 亩，深 4 米，第二个沉淀净化池约 4 亩，深 3.5 米，第三个沉淀净化池约 3.5 亩，深 3 米，三个池中均栽种水生植物对池塘尾水进行生物净化与沉淀；两个过滤坝底宽约 8 米，上口约 5 米，呈“U”形，离池底 2.5 米设过水通道，铺设砂石对鱼塘尾水进行物理净化。

渔场尾水通过排水渠进行统一收集进入第一个沉淀净化池，经沉淀净化后经第一个过滤坝过水通道进行物理净化，尾水进入第二个沉淀净化池再次进行生物净化，经第二个过滤坝过水通道进行物理净化，进入第三个净化池，再一次进行生物净化，通过提灌进入管道将净化后生物尾水用于种养结合，资源化利用。

5. 养殖场平面布局图

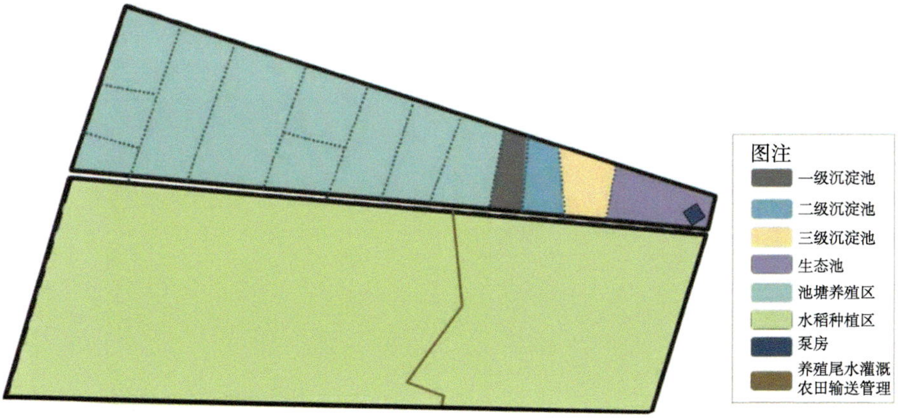

6. 现场照片

尾水治理池进水口（渔场排水渠）

尾水治理池（一级沉淀池）

尾水治理池（二级沉淀池）

过滤坝

尾水治理池（三级沉淀池）

尾水治理池提灌泵房

净化尾水输送管网

净化尾水输送管网

工厂化设施养殖模式

一、模式介绍

工厂化设施养殖技术模式，是在室内养殖池中采用先进的机械和电子设备控制养殖水体的温度、光照、溶解氧、pH 值、投饵量等因素，进行高密度、高产量的养殖方式。在养殖过程中对养殖水体进行物理过滤、生物净化、杀菌消毒、增氧等处理后，使全部或部分养殖水体得以循环利用，是集水产养殖技术与现代工业及信息化技术于一体的一种高度集约化养殖模式。工厂化循环水养殖作为一种新型养殖模式，是传统养殖向新型养殖模式的转型，将水产养殖业从农业逐渐向工业化转变，实现规模化量产，大大减轻了因各种自然环境因素所带来的影响。且工厂化循环水养殖具有节能减排、占地少、密度高、可控性强等优点，符合当前国家提出的推进渔业生产方向结构调整的战略需求，同时工厂化循环水养殖也是未来集约化养殖发展的必经之路。

二、技术要点

工厂化设施养殖技术模式包含养殖和净化两个模块。

1. 养殖模块

确保养殖过程全程可控，受到外部环境影响小，养殖环境稳定，鱼类生长速度快，养殖密度较高，产品性状稳定，可实现工厂化设施养殖。

（1）养殖池。工厂化设施养殖系统中的主体部分，是养殖鱼类直接接触、生存的场所。材料以无毒无味、易拆卸为宜，能重复使用更佳，如：水泥池、玻璃钢（FRP）养殖池、PP 塑料养殖池等，根据需要和当地的建造或购买成本选择。常见池形有圆形、方形圆角、方形切角，实际使用中以圆形池和方形圆角池最为常见，要求池底为中间低、四周高的锅底形，池底坡度以

1：（5～8）为宜，池面光滑。

（2）增氧。增氧是高密度养殖的基本保障，24 小时溶解氧≥5 毫克 / 升。目前液态氧增氧在生产中被广泛使用，增氧设备包括纳米分散器 + 汽水对流、管道式高效溶氧器、氧锥等。

（3）预警监测。利用传感器对养殖水体温度、盐度、溶解氧含量、pH 值、氨氮含量、亚硝酸盐等多个理化指标进行监测，通过微处理器分析处理、无线通信模块传输数据、终端显示报警，以迅速准确掌握养殖池水质情况。

（4）进、排、溢水口。进水口设在养殖池上方，每池有 2 个以上同一斜向进水口，进水水流方向与池切线呈 45 度角；排水口设在池底中央，可配备不同网目规格的过滤网；进、排水口均应设置阀门，便于控制。溢水口设在池中间或池侧。

2. 净化模块

使用多个功能不同的系统对养殖尾水进行生态处理、净化，达到水资源循环利用的目的，通常包括物理过滤去除固体颗粒物、沉降去除悬浮细小颗粒、生物净化去除可溶性无机氮磷、消毒杀菌、增氧等多个环节，符合绿色养殖、环保减排的要求。

（1）沉降池。是循环水系统中的主要组成部分之一，用于养殖尾水的预处理和处理后的储存，主要发挥物理过滤的作用。使用多个沉淀池蓄水并联，在不同的沉降池中间投放生物过滤基质，截留尾水中的部分悬浮颗粒物质。沉降池的蓄水量应为养殖水体的 0.5～0.8 倍，通过不断的循环利用以及水处理单元的处理作用，可实现少量水体长期养殖的效果。

（2）生物净化处理单元。养殖过程中释放的固体悬浮颗粒物，呼吸作用以及残饵、粪便等排泄物中的氨氮、亚硝态氮等氮素物质，养殖池底部在厌氧条件下产生的硫化氢等污染物容易造成水环境恶化。利用生物净化处理单元处理养殖尾水是保障水质的关键。

①前端过滤器：生物净化单元前端一般使用生物载体填料过滤器，具有三维网状的特殊结构，吸附能力强。利用多孔的结构物理吸附养殖尾水中的固态悬浮物，在其表面形成生物膜，可降解养殖尾水的有害物质，初步去除尾水中的氨氮等物质。过滤器还具有一定的截流作用，能减缓尾水流速，使尾水流经时得到充分的预处理，增加水处理的效率。

②泡沫蛋白质分离器：利用水位气射流器与循环水泵形成一个水、气、固三相混合的体系，使微气泡和养殖残饵及排泄的有机物相互吸附上升、经

顶部排出，达到去除悬浮物和胶状物质的效果，有效降低养殖水中的有机质浓度。此外，泡沫蛋白分离器在快速分离水中有害颗粒的同时还能补充鱼类所需氧气和生物硝化作用的耗氧，氧化水中的氨类物质，达到除氨的效果。

③生物处理反应器：生物处理反应器是水处理单元的核心，用于处理溶解在水中的氮素物质，按照净化的生物不同分为藻相净化系统和菌相净化系统。目前常用的净化系统为菌相净化系统，由生物滤池、生物填料、增氧和排污设施构成，处理效率高、运行平稳、维护方便。其反应器底部为气液混合室，连通进水口和曝气头，利用小型潜水泵将空气和养殖尾水充分混合后通入反应器内，经生物膜反应器从上方的出水口流出，达到净化效果。可采用自然循环挂膜法对生物处理反应器挂膜。

（3）紫外消毒。紫外线具有广谱杀菌、高效、无毒、无残留、无副作用等特点，有效杀菌光谱为（253±20）纳米，有效杀伤距离小于8厘米。可选封闭式紫外线杀菌器、开放式紫外线杀菌器、明渠式紫外线杀菌器等对水体进行杀菌消毒，功率配置以5～8瓦/立方米为宜。

3. 自动控制系统

自动控制系统对养殖系统的控制包括自动投饵、自动进水、自动排水和温度、水质控制，主要根据设计的承载量配置。

三、模式工艺流程图

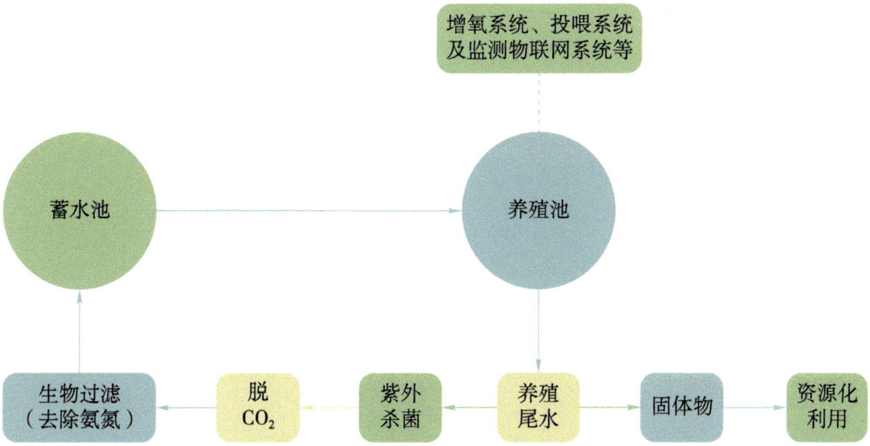

图1　工厂化设施养殖系统工艺流程图

四、提质增效

1. 生态效益

该养殖模式尾水排放量少，污染低，节能减排效果显著。水资源循环利用，利于生态环境保护。

2. 经济效益

有效地规避外部环境变化对养殖造成的干扰，最大限度地保障水产品质量安全，产品品质好、泥腥味轻、价格相对较高。由于水质良好、溶氧充足等优势，可使养殖密度较传统池塘养殖增加 200% 以上，通过自动监控和智能化管理技术，进一步减少人力投入，从而获得较高经济效益。同时，全年持续生产满足了错季市场需求，对市场的供应也有调节作用。

3. 社会效益

工厂化设施养殖技术将大量现代高新技术结合在一起，是提升水产养殖科技含量、促进我国渔业产业转型升级的有力抓手，可带动水产品加工业、出口业发展，进一步推动渔民转产转业，实现渔业结构调整和优化，助力乡村振兴。

五、应用场景

工厂化设施养殖技术模式适用于绝大多数目前已进行产业化开发的经济鱼类，在成都乃至全国范围均可推广。

六、生产实例

实例（一）

1. 养殖场名称：四川中嘉富海农业科技有限公司基地

2. 养殖场地址：成都市简阳市平泉街道荷桥村一组

3. 养殖品种：大口黑鲈、岩原鲤。

4. 养殖场简介：四川简阳中嘉富海农业科技有限公司基地位于简阳市扶贫产业功能区，距成渝经济区环线高速平泉、施家出口约 5 千米，距 318 国道约 3 千米，基地总投资约 3 000 万元，占地面积约 18 亩，其中 5 亩为集约化养殖厂房、13 亩为植物降解区（稻渔综合种养区），工作人员共 7 名，年利润约 523.27 万元。

5. 养殖场俯瞰图

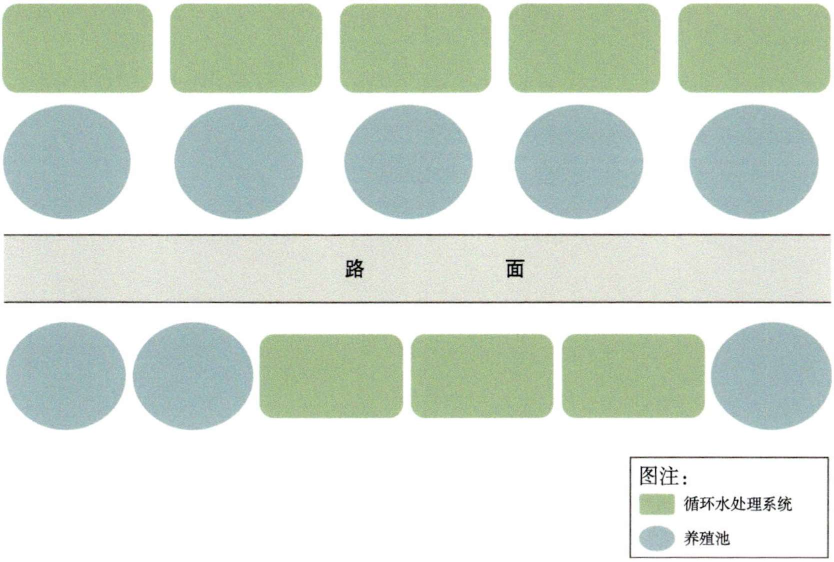

6. 现场照片

养殖车间

联合过滤系统

水产养殖生物处理系统

液氧系统、多功能调水池

水产养殖恒温控制系统

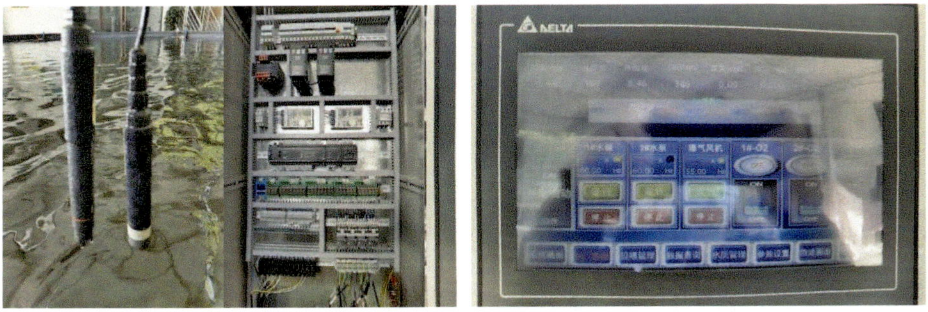

水产养殖智能控制系统

尾水资源化利用系统

实例（二）

1. 养殖场名称：成都晟源水产养殖有限公司

2. 养殖场地址：蒲江县西来镇陈坝村半边街 153 号

3. 养殖品种：大口黑鲈、马口鱼等。

4. 养殖场简介：成都晟源水产养殖有限公司养殖基地位于西来镇陈坝村半边街南街 153 号。2022 年启动建设，2023 年 4 月投产，总占地面积约 5 000 平方米，总投资约 700 万元。基地有一栋 4 568 平方米的钢构养殖车间，车间内修建循环水高效养殖设施，设施主体为 6 套循环水养殖系统，每套养殖系统包含 6 个锥底圆池，每个圆池面积约 28 平方米，并配套循环水净化处理设备、水质监测设备以及智能化管理平台等。养殖车间内 36 个养殖圆池，1 500 立方米养殖水体，设计年产量约 14 万千克，年产值可达 400 万元以上。

该基地配备尾水处理净化及循环利用系统，综合利用了物理沉淀、微孔过滤、微粒吸附、微生物硝化、蛋白分离及空气吹脱等工艺净化水质，养殖尾水经净化及消毒后可循环使用，为工厂化、现代化、集约化于一体的循环水高效设施渔业养殖。

5. 养殖场俯瞰图

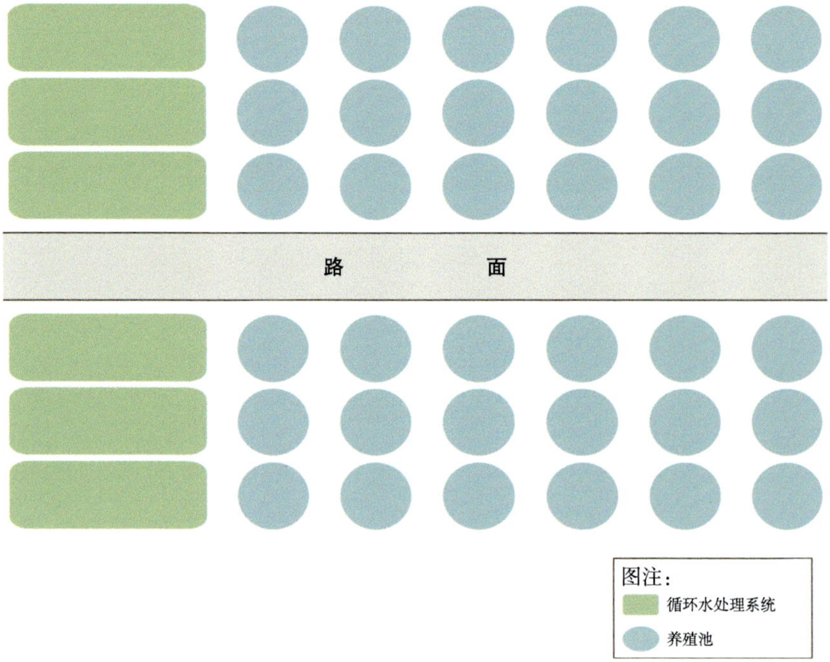

6. 现场照片

养殖车间

沉淀池/微过滤池/清水池

多功能蛋白分离器

臭氧电解水一体发生器

微滤机

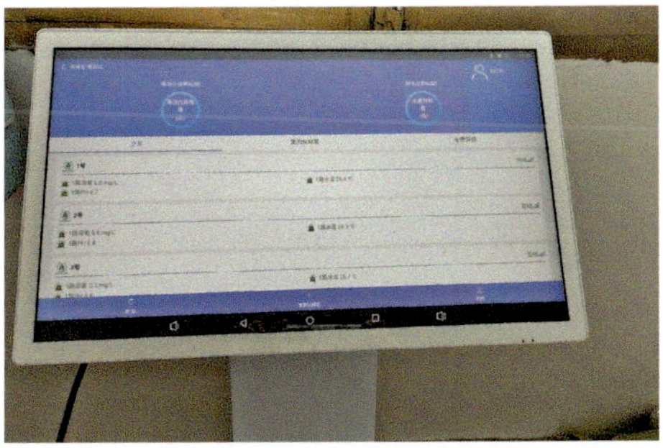

数字化联网中控

生物好氧滤料

流化床填料

产品马口鱼

实例（三）

1. 养殖场名称：四川省中科律道生物科技有限责任公司

2. 养殖场地址：都江堰市青城山镇新桥社区

3. 养殖品种：胭脂鱼、圆口铜鱼、金沙鲈鲤、细鳞裂腹鱼、齐口裂腹鱼、重口裂腹鱼、岩原鲤、中华倒刺鲃、白甲鱼、黄颡鱼、长吻鮠、长薄鳅、圆口铜鱼等珍稀保护品种。

4. 养殖场简介：四川省中科律道生物科技有限责任公司是武汉中科瑞华生态科技股份有限公司（简称“中科生态”）旗下的全资子公司，成立于2021年1月27日，注册资本1 600万元，位于都江堰市青城山镇新桥社区，其中规划配套建设标准化3.0工厂化循环水养殖车间16 168平方米（修建5个车间）以及标准化养殖池塘63亩（其中9亩的生态塘具备四池三坝，54亩的标准养殖池塘）。目前，已建成1号循环水车间3 360平方米，3号循环水车间2 580平方米。基地主要致力于濒危珍稀水生生物保护及苗种繁育、设施化养殖服务及技术推广，最终实现濒危物种保护、标准化苗种繁育、设施养殖技术推广及服务，力争成为行业龙头。

目前，该公司具有水生野生动物人工繁育许可证（8种，分别为：胭脂鱼、圆口铜鱼、金沙鲈鲤、细鳞裂腹鱼、重口裂腹鱼、岩原鲤、长薄鳅、拟鲇高原鳅）；四川省水产种苗生产许可证25种（中华倒刺鲃、白甲鱼、黄颡鱼、长吻鮠、长薄鳅、圆口铜鱼、岩原鲤、齐口裂腹鱼、重口裂腹鱼等）。

1号车间整体占地约4亩，内设独立隔离的循环水系统共9套，其中催产孵化系统1套、开口苗培育系统2套、规格苗培育系统2套、亲鱼培育系统2套、后备亲鱼1套、丰年虫孵化系统1套，总体有效养殖水体1 000立方米。车间内的循环培育系统可以满足圆口铜鱼各阶段生命周期培育的需求。

3号车间主要致力于保护鱼类育苗的开口、驯化、标粗、大规格苗种的培育。

5. 养殖场平面图

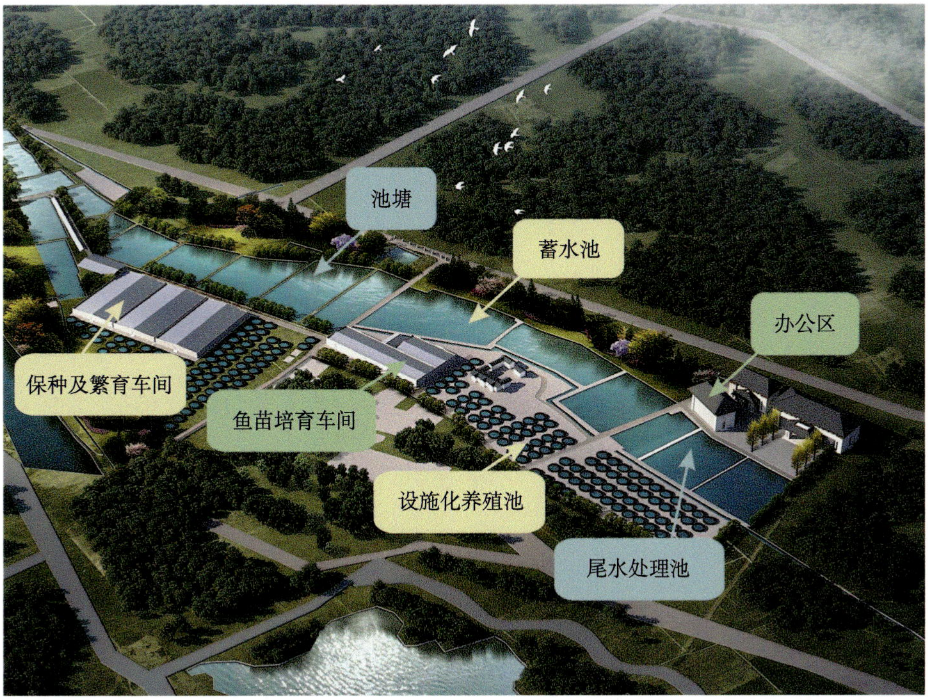

6. 现场照片

生态净化池

育苗池

养殖池

超滤过滤器

砂滤罐

溶氧锥

微滤机

紫外线杀菌器

生物饵料生产间

产品鱼